建筑工程测量

王天佐 主编

清华大学出版社
北京

内 容 简 介

本书在编写过程中力图从实际需要出发，结合土木工程各专业的生产实践，突出以下三个特色：压缩"测定"，强化"测设"；尝试将土木工程施工验收规范中的测量控制标准引入测量教材；为了突出工程安全监测的重要意义，将工程水准测量单独成章，并引入详细的工程实例。

本书共 10 章，具体包括测量的基本原理和方法、水准测量、角度测量、距离测量与直线定向、测量误差及测量平差、建筑工程施工测量、全站仪及 GPS 测量原理、大比例地形图的测绘与应用、小区域控制测量、房屋建筑变形测量等内容。

建筑工程测量是土建类专业的核心课程，是一门理论与实践相结合且更加侧重实践的课程，本书力求叙述简明、通俗易懂、注重实用、图文并茂，突出了课程的基础性、实用性、技能性。

本书可作为普通高等院校、高职高专、各类职业技术学校、中等专业学校土木工程、建筑工程技术、道路与桥梁工程、地下与隧道工程、地下工程、矿山工程等相关专业的教学用书，也可作为中专、函授及土建类、道桥类、市政类等工程技术人员的参考用书以及辅导教材。本书除具有教材功能外，还兼具工具书的特点，是建筑工程业内施工、设计、勘察、监理人员不可多得的基本参考书。

本书封面贴有清华大学出版社防伪标签，无标签者不得销售。
版权所有，侵权必究。举报：010-62782989，beiqinquan@tup.tsinghua.edu.cn。

图书在版编目(CIP)数据

建筑工程测量/王天佐主编. —北京：清华大学出版社，2020.7(2023.2重印)
ISBN 978-7-302-54863-8

Ⅰ.①建… Ⅱ.①王… Ⅲ.①建筑测量—高等职业教育—教材 Ⅳ.①TU198

中国版本图书馆 CIP 数据核字(2020)第 023049 号

责任编辑：石　伟　桑任松
装帧设计：刘孝琼
责任校对：吴春华
责任印制：曹婉颖

出版发行：清华大学出版社
　　　　　网　　址：http://www.tup.com.cn, http://www.wqbook.com
　　　　　地　　址：北京清华大学学研大厦A座　　邮　　编：100084
　　　　　社　总　机：010-83470000　　　　　　　邮　　购：010-62786544
　　　　　投稿与读者服务：010-62776969，c-service@tup.tsinghua.edu.cn
　　　　　质量反馈：010-62772015，zhiliang@tup.tsinghua.edu.cn
　　　　　课件下载：http://www.tup.com.cn, 010-62791865

印 装 者：北京国马印刷厂
经　　销：全国新华书店
开　　本：185mm×260mm　　印　张：12.25　　字　数：290 千字
版　　次：2020 年 7 月第 1 版　　　　　　　　印　次：2023 年 2 月第 5 次印刷
定　　价：39.00 元

产品编号：083364-01

前　言

建筑工程测量作为一门实践性极强的课程，在整个教学任务中属于比较重要的课程，为必修课程，但是以往的教材由于理论知识讲述甚多，导致很多学生在学习完该课程后得不到有效的实践。高等职业教育的快速发展要求加强以市场的实用内容为主的教学，本书作为高等职业教育的教材，根据建设类专业人才培养方案和教学要求及特点编写，综合考虑市场的实际需求，坚持以全面素质教育为基础，以就业为导向，培养高素质的应用技能型人才。

教材内容根据职业能力要求及教学特点设计，与建筑行业的岗位相适应，体现了新的国家标准和技术规范；注重实用为主，内容翔实，文字叙述简练，图文并茂，充分体现了项目教学与综合训练相结合的主流思路。本书在编写时尽量做到内容通俗易懂、理论概述简洁明了、案例清晰实用。

本书每章均添加了大量针对不同知识点的案例，结合案例和上下文可以帮助学生更好地理解所学内容。此外，每章章末均配有实训工单，力求使学生能够学以致用。

本书与同类书相比，具有下述显著特点。

(1) 新，穿插案例，清晰明了，形式独特。

(2) 全，知识点分门别类，包含全面，由浅入深，便于学习。

(3) 系统，知识讲解前后呼应，结构清晰，层次分明。

(4) 实用，理论和实际相结合，举一反三，学以致用。

(5) 赠送：除了必备的电子课件、教案、每章习题答案及模拟测试 AB 试卷外，还相应地配套有大量的讲解音频、动画视频、三维模拟、扩展图片等，以扫描二维码的形式再次拓展建筑工程测量的相关知识点，力求让初学者在学习时最大化地接受新知识，最快、最高效地达到学习目的。

本书由绍兴文理学院王天佐任主编，参加编写的还有中煤邯郸特殊凿井有限公司高利森、张兴平，黄河水利职业技术学院孙玉龙，新乡职业技术学院蔡韩英，北方工业大学孔元明，中水北方勘测设计研究有限责任公司张鑫。具体的编写分工为：王天佐负责编写第 1 章、第 2 章，并对全书进行统筹，张兴平负责编写第 3 章，高利森负责编写第 4 章、第 5 章，蔡韩英负责编写第 6 章，张鑫负责编写第 7 章，孙玉龙负责编写第 8 章、第 9 章，孔元明负责编写第 10 章，在此对参与本书编写的全体合作者和帮助者表示衷心的感谢！

由于编者水平有限和时间紧迫，书中难免有错误和不妥之处，望广大读者批评指正。

编　者

目 录

教案及试卷答案
获取方式.pdf

第1章 测量的基本原理和方法 1
  1.1 测量学概述 2
    1.1.1 测量学简介 2
    1.1.2 地球的形状和大小 3
  1.2 测量的实质 4
    1.2.1 地面点位的确定 4
    1.2.2 测量的基准面和基准线 6
    1.2.3 地面点的高程 6
    1.2.4 地面点的平面位置 7
    1.2.5 用水平面代替水准面的限度 8
  1.3 测量工作在建筑工程中的应用 9
    1.3.1 工程测量的任务 9
    1.3.2 建筑工程测量的内容、现状
          及其发展 10
  1.4 测量工作概述 11
    1.4.1 测量的基本工作与要求 11
    1.4.2 测量的基本程序与原则 12
    1.4.3 测量误差概述 12
  本章小结 14
  实训练习 14

第2章 水准测量 17
  2.1 水准测量的基本原理和方法 18
    2.1.1 水准测量的基本原理 18
    2.1.2 水准测量的方法 18
  2.2 水准测量的仪器与工具 19
    2.2.1 水准测量的仪器 19
    2.2.2 水准尺 21
    2.2.3 尺垫 22
    2.2.4 水准仪的使用 22
  2.3 水准测量的方法与成果处理 24
    2.3.1 水准点 24
    2.3.2 水准路线与成果检核 25
    2.3.3 水准路线的实施 27

    2.3.4 三、四等水准测量 28
  2.4 水准测量误差 31
    2.4.1 仪器误差 31
    2.4.2 观测误差 31
    2.4.3 外界重要任务的影响 32
  本章小结 33
  实训练习 33

第3章 角度测量 37
  3.1 角度测量概述 37
  3.2 光学经纬仪 38
    3.2.1 光学经纬仪的结构 38
    3.2.2 光学经纬仪的照准装置 40
    3.2.3 光学经纬仪的读数装置 41
    3.2.4 光学经纬仪的安平装置 42
  3.3 光学经纬仪观测方法 43
    3.3.1 光学经纬仪的用法 43
    3.3.2 水平角测量方法 43
    3.3.3 竖直角测量方法 47
  3.4 光学经纬仪的检验和校正 50
  本章小结 53
  实训练习 53

第4章 距离测量与直线定向 57
  4.1 距离测量 57
    4.1.1 钢尺量距 57
    4.1.2 视距测量 59
    4.1.3 电磁波测距 62
  4.2 直线定向 65
    4.2.1 直线定向的方法 65
    4.2.2 标准方向的种类 65
    4.2.3 坐标方位角的推算 66
    4.2.4 正、反坐标方位角的关系 67
  本章小结 67
  实训练习 67

第 5 章 测量误差及测量平差 71

- 5.1 测量误差 72
  - 5.1.1 测量误差的概念 72
  - 5.1.2 衡量精度的标准 77
  - 5.1.3 算术平均值 80
- 5.2 测量平差 82
- 本章小结 83
- 实训练习 83

第 6 章 建筑工程施工测量 87

- 6.1 建筑施工控制测量 87
  - 6.1.1 施工控制网的基本知识 87
  - 6.1.2 平面施工控制网 89
  - 6.1.3 高程施工控制网 93
- 6.2 建筑物的施工测量 93
  - 6.2.1 一般民用建筑施工测量 93
  - 6.2.2 高层建筑施工测量 95
  - 6.2.3 工业建筑施工测量 96
- 本章小结 100
- 实训练习 100

第 7 章 全站仪及 GPS 测量原理 105

- 7.1 全站仪 106
  - 7.1.1 全站仪的构造及性能 106
  - 7.1.2 全站仪的使用 108
  - 7.1.3 全站仪在工程测量中的应用 109
  - 7.1.4 全站仪的检验、校正及使用注意事项 111
- 7.2 GPS 测量原理 113
  - 7.2.1 GPS 的组成 113
  - 7.2.2 GPS 坐标系统和定位原理 115
  - 7.2.3 GPS 接收机及其功能 117
  - 7.2.4 GPS 测量的实施 121
- 本章小结 123
- 实训练习 124

第 8 章 大比例地形图的测绘与应用 129

- 8.1 大比例尺地形图的测绘 130
  - 8.1.1 概述 130
  - 8.1.2 地形图的比例尺 131
  - 8.1.3 大比例地形图的测绘 132
  - 8.1.4 地形图的识读 135
- 8.2 地形图的应用 137
  - 8.2.1 地形图的基本应用 137
  - 8.2.2 地形图在工程建设中的应用 140
- 本章小结 141
- 实训练习 142

第 9 章 小区域控制测量 147

- 9.1 控制测量概述 148
  - 9.1.1 控制测量概念 148
  - 9.1.2 国家控制网 148
  - 9.1.3 城市控制网 154
  - 9.1.4 小区域控制网 156
  - 9.1.5 图根控制网 156
- 9.2 导线测量 157
  - 9.2.1 导线测量概述 157
  - 9.2.2 导线测量外业工作 158
- 9.3 GNSS 控制网 160
  - 9.3.1 GNSS 简介 160
  - 9.3.2 GPS 简介 160
  - 9.3.3 GPS 的特点 161
  - 9.3.4 GPS 的工作原理 162
  - 9.3.5 GPS 控制网的布设原理与方法 162
- 9.4 交会测量 165
  - 9.4.1 测角前方交会法 166
  - 9.4.2 测边前方交会法 167
  - 9.4.3 测角后方交会法 167
- 本章小结 168
- 实训练习 168

第 10 章 房屋建筑变形测量 173

- 10.1 变形观测 174
  - 10.1.1 变形观测基本内容 174
  - 10.1.2 变形观测技术要求 174

10.2 沉降观测..175
    10.2.1 概述...................................175
    10.2.2 沉降观测技术要求................176
    10.2.3 观测要点.............................177
10.3 倾斜观测..177
    10.3.1 概述...................................177
    10.3.2 倾斜观测基本方法................178
    10.3.3 倾斜观测技术要求................178

10.4 裂缝观测..179
    10.4.1 概述...................................179
    10.4.2 裂缝观测方法.......................179
    10.4.3 裂缝观测技术要求................180
本章小结..181
实训练习..181

参考文献..185

建筑工程测量--A 卷.docx

建筑工程测量--B 卷.docx

第1章 测量的基本原理和方法

【教学目标】

- 了解测量学的发展。
- 了解测量的实质。
- 了解测量工作在建筑工程中的应用。
- 了解测量工作概述。

第1章 测量的基本原理和方法.pptx

【教学要求】

本章要点	掌握层次	相关知识点
测量学简介	了解测量学简介、发展历程	测量的发展历史
测量的实质	了解测量的实质	地面点的高程
测量工作在建筑工程中的应用	熟悉测量工作在建筑工程中的应用	测量的任务
测量工作概述	了解测量工作概述	测量误差概述

【案例导入】

在某新建铁路线上,已有首级控制网数据。有一隧道长 10km,平均海拔 500m,进出洞口以桥梁和另外两标段的隧道相连。为保证双向施工,需在首级控制测量的基础上,按 GPS 测量,C 级网要求布设隧道地面施工控制网和按二等水准测量要求对进洞口和出洞口进行高程联测。

仪器设备:单、双频 GPS 各 6 台套、S3 光学水准仪 5 台、数字水准仪 2 台(0.3mm/km)、2″全站仪 3 台。

软件:GPS 数据处理软件、水准测量平差软件。

人员:可根据需要配备。

【问题导入】

为满足工程需要,应选用哪些设备进行测量?并写出观测方案。

1.1 测量学概述

1.1.1 测量学简介

1. 测量学的定义

测量学是研究对地球整体及其表面和外层空间中的各种自然和人造物体上与地理空间分布有关的信息进行采集处理、管理、更新和利用的科学和技术。

它的主要任务有以下三个方面。

一是研究确定地球的形状和大小,为地球科学提供必要的数据和资料。

音频.测量学的主要任务.mp3

二是将地球表面的地物地貌测绘成图。

三是将图纸上的设计成果测设至现场。

2. 测量学的研究对象及其分类

测量学是研究如何测定地面点的平面位置和高程,将地球表面上的地形及其他信息测绘成图,以及确定地球的形状和大小等的科学。其内容包括:普通测量学、大地测量学、地图制图学、大地天文学、重力测量学、摄影测量学、工程测量学、地形测量学和海洋测量学等学科。

测量学简介.mp4

1) 普通测量学

普通测量学是研究地球表面小范围测绘的基本理论、技术和方法,不考虑地球曲率的影响,把地球局部表面当作平面看待,是测量学的基础。

2) 大地测量学

大地测量学是研究和确定地球形状、大小、重力场、整体与局部运动和地球表面点的几何位置以及它们的变化的理论和技术的学科。按照测量手段的不同,大地测量学又可分为常规大地测量学、卫星大地测量学及物理大地测量学等。

3) 地图制图学

地图制图学是研究模拟和数字地图的基础理论、设计、编绘、复制的技术、方法以及应用的学科。它的基本任务是利用各种测量成果编制各类地图,一般包括地图投影、地图编制、地图整饰和地图制印等分支。

4) 摄影测量学

摄影测量学是研究利用电磁波传感器获取目标物的影像数据,从中提取语义和非语义信息，并用图形、图像和数字形式表达的学科。

5) 工程测量学

工程测量学是研究各项工程在规划设计、施工建设和运营管理阶段所进行的各种测量工作的学科。

6) 地形测量学

地形测量学是研究如何将地球表面局部区域内的地物、地貌及其他有关信息测绘成地形图的理论、方法和技术的学科。按成图方式的不同，地形测图可分为模拟化测图和数字化测图。

1.1.2 地球的形状和大小

1. 地球的形状和大小概述

测量工作是在地球表面进行的，所以首先需要研究地球的形状和大小。地球的自然表面呈高山、丘陵、平原、海洋等起伏状态，是一个不规则的曲面。就整个地球而言，海洋面积约占71%，陆地面积约占29%。世界上最高的山峰珠穆朗玛峰的高度为8844.43m，最深的海沟马里亚纳海沟深达11022m。尽管地球表面有如此大的落差变化，但与地球半径6371km相比，这样的起伏还是很小的。在地球表面进行测量工作所获得的距离、角度、高差等成果，不可能在这样不规则的曲面上进行数据处理和绘制地形图。因此，人们就要寻找一个理想几何体来代表地球的形状和大小，要求这个理想几何体与地球的自然形体十分接近，而且又能用数学模型来表示。

地球.docx

2. 大地体

1) 铅垂线

如图1-1所示，地球表面任意一个质点都同时受到两个作用力：其一是地球自转产生的离心力；其二是地球产生的引力。这两种力的合力称为重力。重力的作用线称为铅垂线，它是测量工作的一条重要基准线。在地球上任何一点悬挂一个垂球，其静止时所指的方向即为铅垂线的方向。

2) 水准面

水在静止时，表面上的每一个质点都受到重力的作用，在重力位相同的情况下，这些水分子便不流动而呈静止状态，形成一个重力等位面，这个面称为水准面。水准面是受地球表面重力场影响而形成的，是一个处处与重力方向垂直的连续曲面，因此是一个重力场的等位面。设想一个静止的海水面扩展到陆地部分。这样，地球的表面就形成了一个较地球自然表面规则而光滑的曲面，这个曲面被称为水准面。水面可高可低，故而水准面有无穷多个。

3) 大地水准面

大地水准面是指与平均海水面重合并延伸到大陆内部的水准面,如图 1-2 所示。它是大地测量基准之一,也是测量工作的一个重要基准面。

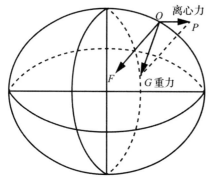

图 1-1 地球的自然表面

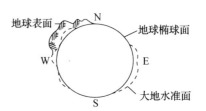

图 1-2 大地水准面

4) 大地体

由大地水准面所包围的地球形体,称为大地体。测量学里用大地体表示地球形体。

大地水准面所包围的形体是地球的物理模型,接近于一个椭圆绕其短轴旋转而成的旋转椭球体。

大地水准面示意图.docx

1.2 测量的实质

1.2.1 地面点位的确定

1. 地理坐标系

当研究和测量整个地球的形状、大小,或者进行大面积的工作时,可采用地理坐标来确定地面点在大地水准面上的投影坐标位置。地理坐标有下述两种表示方法。

1) 天文坐标系

天文坐标系把地球当作球体,以垂线为基准,用天文经纬度(φ, λ)来表示坐标位置。

音频.地面点的位置的确定元素.mp3

通过地轴的任一平面称为子午面。子午面与地球表面的交线称为子午线,也称经线。其中,通过英国格林尼治天文台的子午线,称为本初子午线。

通过地球中心并与地轴正交的平面称为赤道面。它与地球表面的交线称为赤道,其他不通过球心和地球表面的交线称为纬线。

从本初子午线向东由 0°至 180°，称为东经；向西由 0°至 180°称为西经。实际上东经 180°和西经 180°是同一个子午面。

从赤道向北由 0°至 90°，称为北纬；从赤道向南由 0°至 90°，称为南纬。

2) 大地坐标系

大地坐标系是用旋转椭球体表示地球，以法线为基准，用大地经纬度(B，L)来表示坐标位置。

2. 平面直角坐标系

当研究小范围地面形状和大小时，可用平面代替球面，此时可采用平面直角坐标系统。平面直角坐标的表示方法：X 轴表示纵轴，即南北方向；Y 轴表示横轴，即东西方向。

3. 我国的两种坐标系统

(1) 1954 年北京坐标系。

(2) 1980 年国家大地坐标系。

通常所说的北京 54 坐标系、西安 80 坐标系实际上指的是我国的两个大地基准面。我国参照苏联从 1953 年起采用克拉索夫斯基(Krassovsky)椭球体建立了北京 54 坐标系，1978 年采用国际大地测量协会推荐的 1975 地球椭球体建立了新的大地坐标系——西安 80 坐标系。目前大地测量基本上仍以北京 54 坐标系作为参照，北京 54 坐标系与西安 80 坐标系之间的转换可查阅国家测绘局公布的对照表。

4. 用水平面代替水准面的范围

1) 水准面的曲率对水平距离的影响

在半径为 10km 的圆面积内进行长度的测量工作时，可以不必考虑地球曲率。也就是说，可以把水准面当作水平面看待，即将实际沿圆弧丈量所得的距离作为水平距离，其误差可忽略不计。

2) 水准面的曲率对水平角度的影响

对于面积在 100km^2 以内的多边形，地球曲率对水平角度的影响只有在最精密的测量中才需要考虑，一般的测量工作是不必考虑的。

3) 地球曲率对高差的影响

地球曲率的影响对于高差而言，即使在很短的距离内也必须加以考虑。

5. 高程系统

(1) 绝对高程：地面某点至大地水准面的垂直距离称为该点的绝对高程。

(2) 相对高程：地面某点至任意假定的水准面的垂直距离称为该点的相对高程。

(3) 高差：两点间的高程差。

1.2.2 测量的基准面和基准线

1. 基准面

基准面，是指用来准确定义三维地球形状的一组参数和控制点。当一个旋转椭球体的形状与地球相近时，基准面用于定义旋转椭球体相对于地心的位置。基准面给出了测量地球表面上位置的参考框架。它定义了经线和纬线的原点及方向。

2. 基准线

基准线又称"零变形线""标准线"和地图上没有变形的线，是地图投影中的标准纬线(或等高圈)和标准经线(或垂直圈)的总称。正轴切圆柱投影的标准纬线为赤道；正轴割圆柱投影、正轴切圆锥投影与正轴割圆锥投影的标准纬线为切、割的纬线。在横轴圆柱投影中，其标准线也可分为切经线与割经线；在方位投影中，正轴投影的标准线为割纬线(或割等高圈)；在清洁发展机制(Clean Development Mechanism)项目中，是在东道国的技术条件、经济能力、资源条件和政策法规下，可能出现的合理的排放水平。基准线是确定CDM项目减排量的基准和进行减排增量成本计算的基础。

1.2.3 地面点的高程

为了确定点的空间位置，需要建立坐标系。一个点在空间的位置需要三个坐标量来表示。在一般的测量工作中，地面点的空间位置常用点的高程和点的平面位置表示。

1. 高程

地面点到大地水准面的铅垂距离，称为该点的绝对高程，简称高程，又称海拔。如图1-3所示，A点的绝对高程为H_A，B点的绝对高程为H_B。

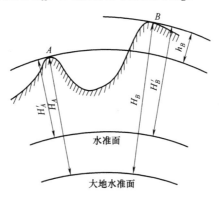

图1-3 绝对高程与相对高程

2. 相对高程

无法引入绝对高程时，有时根据需要，地面点的高程常以某一假定水准面为起算面，这种高程称为相对高程，如图 1-3 中所示的 H'_A、H'_B。在建筑工程中的标高通常采用的是相对高程，一般以通过室内地面(±0.00)的水准面作为高程起算面。

3. 高差

高差是两点间高程之差，即终点高程减去起点高程。首先选择一个面作为参考面(一般选择地面)，然后分别测出两点相对参考面的高度，两高度之差即为高差。在各类测绘工作中，基本都需要进行高差测量。如何快速、准确地测量高差，成为测绘工作的基本要求。

高程与高差.docx

【案例 1-1】用 GPS 可以精确地测定三维坐标 X、Y、Z 和大地高差 H，利用 GPS 测得的大地高差结合现有的水准资料可求出具有正常高 h 的 GPS 点的高程异常，再用数字拟合法，可计算出其他 GPS 点的高程异常和正常高。

结合上文分析如何利用 GPS 测量点的高程。

1.2.4 地面点的平面位置

地面点的平面位置放样常用方法有直角坐标法、极坐标法、角度交会法和距离交会法四种。至于选用哪种方法，应根据控制网的形式、现场情况、精度要求等因素进行选择。

1. 测量工作的实质

测量工作的实质是确定地面点的位置，而地面点的空间位置须由三个参数来确定，即该点在大地水准面上的投影位置(两个参数：λ、Φ 或 x、y)和该点的高程 H(一个参数)。

2. 地理坐标

地理坐标是用经度 λ 和纬度 Φ 表示地面点在大地水准面上的投影位置，由于地理坐标是球面坐标，因此不便于直接进行各种计算。

3. 高斯平面直角坐标

高斯平面直角坐标系是利用高斯投影法建立的平面直角坐标系。在广大区域内确定点的平面位置，一般采用高斯平面直角坐标。

1.2.5 用水平面代替水准面的限度

当测区范围较小时，可以把水准面看作水平面。探讨用水平面代替水准面对距离、角度和高差的影响，以便给出限制水平面代替水准面的限度。

1. 对距离的影响

如图1-4所示，地面上A、B两点在大地水准面上的投影点是a、b，用过a点的水平面代替大地水准面，则B点在水平面上的投影为b'。

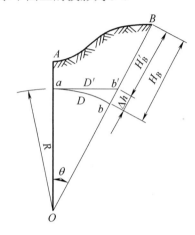

图 1-4　用水平面代替水准面对距离和高程的影响

设ab的弧长为D，ab'的长度为D'，球面半径为R，D所对圆心角为θ，则以水平长度D'代替弧长D所产生的误差ΔD为：

$$\Delta D = D' - D = R\tan\theta - R\theta = R(\tan\theta - \theta) \tag{1-1}$$

将$\tan\theta$用级数展开为：

$$\tan\theta = \theta + \frac{1}{3}\theta^3 + \frac{5}{12}\theta^5 + \cdots \tag{1-2}$$

因为θ角很小，所以只取前两项代入式(1-1)得：

$$\Delta D = R\left(\theta + \frac{1}{3}\theta^3 - \theta\right) = \frac{1}{3}\theta^3 R \tag{1-3}$$

又因：

$$\theta = D/R$$

$$\Delta D = \frac{D^3}{3R^2} \tag{1-4}$$

则：

$$\frac{\Delta D}{D} = \frac{D^2}{3R^2} \tag{1-5}$$

取地球半径R=6371km，并以不同的距离D值代入式(1-4)、式(1-5)，则可求出距离误差ΔD和相对误差ΔD/D，如表1-1所示。

结论：在半径为10km的范围内，进行距离测量时，可以用水平面代替水准面，而不必考虑地球曲率对距离的影响。

表 1-1　水平面代替水准面的距离误差和相对误差

距离 D/km	距离误差 ΔD/mm	相对误差 ΔD/D
10	8	1:1220000
20	66	1:300000
50	1026	1:49000
100	8212	1:12000

2. 对水平角的影响

从球面三角学可知，同一空间多边形在球面上投影的各内角和，比在平面上投影的各内角和大一个球面角超值 ε：

$$\varepsilon = \rho \frac{P}{R^2} \tag{1-6}$$

式中：ε——球面角超值(″)；

P——球面多边形的面积(km^2)；

R——地球半径(km)，R 取 6371km 计算；

ρ——弧度的秒值，$\rho=206265″$。

以不同的面积 P 代入式(1-6)，可求出球面角超值，如表 1-2 所示。

表 1-2　水平面代替水准面的水平角误差

球面多边形面积 P/km^2	球面角超值 $\varepsilon/(″)$
10	0.05
50	0.25
100	0.51
300	1.52

结论：当面积 P 为 $100km^2$ 时，进行水平角测量时，可以用水平面代替水准面，而不必考虑地球曲率对距离的影响。

1.3　测量工作在建筑工程中的应用

1.3.1　工程测量的任务

1. 测绘大比例尺地形图

为工程建设的规划设计提供必要的图纸和资料。

2. 建筑物的施工测量

建筑物的施工测量具体包括建立施工场地的施工控制网；建筑场地的平整测量；建(构)筑物的定位、放线测量；基础工程的施工测量；主体工程的施工测量；构件安装时的定位测量和标高测量；施工质量的检验测量；竣工图测量。

3. 建筑物变形观测

建筑物变形观测是对于一些重要的建(构)筑物，在施工和运营期间，为了确保安全，定期对其进行的变形观测。

1.3.2 建筑工程测量的内容、现状及其发展

1. 建筑工程测量的内容

1) 工程测量中的地形图测绘

规划阶段用图比例尺一般较小，按照工程的规模可直接使用 1∶10000 至 1∶1000 的地形图。在施工阶段比例尺一般较大，为 1∶1000 或 1∶500。

2) 工程控制网布设和优化设计

工程控制网包括测图控制网、施工控制网、变形监测网和安装控制网。目前除特高精度的工程专用网和设备安装控制网外，绝大多数控制网可采用 GPS 定位技术建立。

3) 施工放样技术和方法

将抽象的几何实体放样到实地上，成为具体的几何实体所采用的测量方法和技术称为施工放样，机器和设备的安装也是一种放样。放样可分为点、线、面、体的放样。其具体方法包括：极坐标、偏角法、偏距法、投点法、距离交会、方向交会。

4) 工程的变形监测分析和预报

工程建筑物的变形及与工程有关的灾害监测、分析和预报是工程测量研究的重要内容。变形监测技术几乎包括全部工程测量技术，除常规仪器外，还包括各种传感器和专用设备。变形模型的建立主要针对目标点上的时间序列进行数据处理，包括多元线性回归分析、时间序列等。

2. 建筑工程测量的现状及其发展

1) 工程测量学的历史与发展概况

工程测量学是一门历史悠久的学科，是在人类生产实践中逐渐发展起来的。在古代，它与测量学并没有严格的界限。到近代，随着工程建设的大规模发展，才逐渐形成了工程测量学。

2) 测量学在国家经济建设和发展中的作用

测量学是国家经济建设的先行。随着科学技术的飞速发展，测量学在国家经济建设和发展的各个领域中发挥着越来越重要的作用。工程测量是直接为工程建设服务的，它的服务和应用范围包括城建、地质、铁路、交通、房地产管理、水利电力、能源、航天和国防等各种工程建设部门，可列举一些例子。

(1) 城乡规划和发展。

(2) 资源勘察与开发。

(3) 交通运输、水利建设。

(4) 国土资源调查、土地利用和土壤改良。

【案例 1-2】20 世纪八九十年代出现了许多精准的测量仪器，为工程测量提供了先进的技术手段，如 GPS、光电测距仪、电子经纬仪、电子水准仪、全站仪、激光准直仪等，为工程测量的发展创造了有利的条件，改变了许多复杂烦琐的传统作业方法，极大地提高了户外作业的工作效率。

结合上文分析测量仪器在工程建设中的运用及其重要性。

1.4 测量工作概述

1.4.1 测量的基本工作与要求

测量是按照某种规律，用数据来描述观察到的现象，即对事物做出量化描述。测量是对非量化实物的量化过程。

1. 测量的基本工作

(1) 测量水平距离。

(2) 测量水平角。

(3) 测量直线的方向。

(4) 测量点的高程。

2. 测量的基本要求

1) 严肃认真的工作态度

测量工作是一项严谨细致的工作，否则很有可能失之毫厘，差之千里。施工测量的精度，会直接影响施工的质量；施工测量的错误，将会直接给施工带来不可弥补的损失，甚至导致重大质量事故。因此，测量人员必须在测量工作中严肃认真、小心谨慎，坚持"边工作边检核"的原则。

2) 保持测量成果的科学性和原始性

测量工作的科学性，要求我们在测量工作中必须实事求是，尊重客观事实，严格遵守测量规则与规范，而不得似是而非、随心所欲，更要杜绝弄虚作假、伪造成果之举。同时，为了随时检查与使用测量成果，应长期保存测量的原始记录与成果。

3) 爱护测量仪器和工具

测量仪器精密、贵重，是测量人员的必备武器，任何仪器的损坏、丢失，不但会造成较大的经济损失，而且会直接影响工程建设的质量和进度。因此，爱护测量仪器和工具是每一个测量人员应有的品德，也是每个公民的神圣职责。要求对测量仪器和工具轻拿轻放、规范操作、妥善保管；操作仪器时要手轻心细，各制动螺旋不可拧得太紧；仪器一经架设，不得离人等。

4) 培养团队精神

测量工作是一项实践性很强的集体性工作，任何个人都很难单独完成。因此，在测量工作中必须发扬团队精神，各成员之间互学互助、默契配合。

1.4.2 测量的基本程序与原则

在测量的布局上是"由整体到局部"，在测量的次序上是"先控制后碎部"，在测量的精度上是"从高级到低级"，这是测量工作中应遵循的一个基本原则。

另外，当控制测量有误差，以其为基础的碎部测量也会有误差；碎部测量有误差，就会使地形图也存在误差。因此，要求测量工作必须制定严格的检核制度，故"步步有检核"是测量工作中应遵循的又一个原则。

对施工测量来说，也要遵循这个原则，先在整个建筑施工范围内进行控制测量，得到一定控制点的平面坐标和高程，然后以这些控制点为依据，在局部地区进行建筑物(构筑物)轴线点的测设。如果施工场地范围较大，则控制测量也应由高级到低级逐级加密布设，使控制点的精度和密度均能满足施工测量的要求。

音频.测量工作应遵守的原则.mp3

1.4.3 测量误差概述

1. 测量误差的发现

一种情况是，当对同一个量进行多次测量时，这些观测值之间往往存在一些差异，例如，对同一段距离重复观测若干次，量得的长度通常是不相等的。另一种情况是，某几个量之间应该满足某一理论关系，但是对这几个量进行观测后，观测结果不能满足应有的理论关系，例如，平面三角形内角之和应等于180°，如果对该三角形的三个内角进行观测，就会发现三角形内角的观测值之和不等于180°。以上两种现象在测量工作中普遍存在,产生这种现象是由于观测值中包含测量误差。

2. 测量误差产生的原因

测量实践表明,只要使用测量仪器对某个量进行观测就会产生误差,测量误差产生的原因主要有以下三个方面。

1) 测量仪器的误差

测量工作需要利用测量仪器进行,由于每一种仪器制造都具有一定的精度,因而使测量结果受到一定的影响。例如,水准仪的视准轴不平行于水准管轴,或者水准尺的分划误差,都会给水准测量的高差带来一定的误差。又如,经纬仪的视准轴误差、横轴误差,也会给测量水平角带来误差。

2) 观测者的误差

由于观测者感觉器官的鉴别能力存在一定的局限性,所以水准仪的读数,经纬仪的对中、整平、瞄准等都会产生误差。另外,观测者的工作态度和技术水平也会给观测结果带来一定的影响。

3) 外界条件的影响

进行测量工作时所处的外界条件,如温度、风力、日光照射等,都会对观测结果产生直接影响。

上述测量仪器、观测者、外界条件三个方面的因素是产生测量误差的主要原因,通常称为观测条件。由此可见,观测条件的好坏与测量误差的大小有密切联系。观测条件相同的各次观测,称为等精度观测;观测条件不同的各次观测,称为不等精度观测。

在实际工作中,不管观测条件好坏,其对观测结果的影响总是客观存在的。从这个意义上来说,观测结果中的测量误差是不可避免的。

3. 测量误差的分类

测量误差按其性质可分成系统误差和偶然误差两类。

1) 系统误差

(1) 定义:在相同的观测条件下进行一系列的观测,如果误差在大小、符号上都相同,或按一定规律变化,这种误差称为系统误差。

(2) 例子:①水准测量中的视准轴不平行于水准管轴的误差,地球曲率和大气折光的影响都属于系统误差。某水准仪由于存在误差,在50m距离上,读数比正确读数大5mm,这种误差在大小、符号上都相同。若距离增加到100m,读数误差为10mm,这种误差是按照一定规律发生变化的。②水平角测量中的视准轴不垂直于横轴的误差,横轴不垂直于竖轴的误差,水平度盘偏心误差。③钢尺量距中的尺长误差、温度变化引起的尺长误差、倾斜误差。以上这些都是系统误差。

(3) 消除方法：在水准测量中，可以采用前、后视距离相等的方法来消除上述三种系统误差。在水平角测量中，可以采用盘左、盘右观测的方法来消除上述三种误差。钢尺量距中，采用对观测成果加改正数的方法来消除系统误差。此外，在测量工作开始前应采取有效的预防措施，应对水准仪和经纬仪进行检验和校正。

2) 偶然误差

(1) 定义：在相同的观测条件下进行一系列的观测，对于少量误差来说，从表面上看，其大小和符号没有规律性，但就大量误差而言，总体上具有一定的统计规律性，这种误差称为偶然误差。

(2) 例子：在水准测量中的读数误差，闭合水准路线高差闭合差；在水平角测量中的照准误差，三角形的闭合差；钢尺的尺长检定误差。以上这些都是偶然误差。

(3) 消除方法：在水准测量中，采用高精度的仪器，选择熟练的观测员，选择好的观测时间等来消除偶然误差。

本章小结

通过学习本章的内容，可使学生了解测量学的发展，了解测量的实质，熟悉测量工作在建筑工程中的应用，可以对建筑测量有一个基本的认识，为以后继续学习建筑测量相关知识打下坚实的基础。

实训练习

一、单选题

1. 在高斯平面直角坐标系中，纵轴为(　　)。

　　A. X 轴，向东为正　　　　　　B. Y 轴，向东为正

　　C. X 轴，向北为正　　　　　　D. Y 轴，向北为正

2. A 点的高斯坐标为 x_A=112240m，y_A=19343800m，则 A 点所在 6° 带的带号及中央子午线的经度分别为(　　)。

　　A. 11 带，66　　B. 11 带，63　　C. 19 带，117　　D. 19 带，111

3. 在(　　)为半径的圆面积之内进行平面坐标测量时，可以用过测区中心点的切平面代替大地水准面，而不必考虑地球曲率对距离的投影。

　　A. 100km　　　B. 50km　　　C. 25km　　　D. 10km

4. 对高程测量，用水平面代替水准面的限度是(　　)。

A. 在以10km为半径的范围内可以代替

B. 在以20km为半径的范围内可以代替

C. 不论多大距离都可代替

D. 不能代替

5. 高斯平面直角坐标系中，直线的坐标方位角是按(　　)量取的。

A. 从坐标北端起逆时针　　　　B. 横坐标东端起逆时针

C. 纵坐标北端起顺时针　　　　D. 横坐标东端起顺时针

二、多选题

1. 我国使用高程系的标准名称是(　　)。

A. 1956黄海高程系　　　　B. 1956年黄海高程系

C. 1985年国家高程基准　　D. 1985国家高程基准

2. 我国使用平面坐标系的标准名称是(　　)。

A. 1954北京坐标系　　　　B. 1954年北京坐标系

C. 1980西安坐标系　　　　D. 1980年西安坐标系

3. 光学经纬仪的基本结构由(　　)组成。

A. 照准部　　B. 度盘　　C. 基座　　D. 辅助部件

4. 导线的布置形式有(　　)。

A. 闭合导线　　B. 附合导线　　C. 区域导线　　D. 支导线

5. 建立平面控制网可采用哪几种方法？(　　)

A. 卫星定位测量　　　　B. 仪器测量

C. 导线测量　　　　　　D. 三角形网测量

三、简答题

1. 进行测量工作应遵守什么原则？为什么？
2. 地面点的位置用哪几个元素来确定？
3. 简述测量学的任务。

第1章课后答案.docx

实训工作单

班级		姓名		日期	
教学项目		掌握测量的基本原理和方法			
任务		熟悉测量原理及方法		工具	相关书籍或相关资料
其他项目					
过程记录					
评语				指导老师	

第 2 章 水 准 测 量

【教学目标】

- 了解水准测量的基本原理和方法。
- 掌握水准测量仪器和工具的使用方法。
- 掌握水准测量方法与成果处理。
- 了解水准测量误差。

第 2 章 水准测量.pptx

【教学要求】

本章要点	掌握层次	相关知识点
水准测量方法	掌握水准测量的基本原理和方法	高差法、视线高程法
水准测量的仪器与工具	了解水准测量仪器的组成	水准尺的分类、尺垫
水准测量方法与成果处理	掌握水准仪的使用方法	水准点、水准路线
水准测量误差	了解产生误差的原因	仪器误差、观测误差

【案例导入】

1. 事故概况

某新建铁路,设计时速为 350km/h,DK0+000 处位于既有站场内,施工单位利用测设好的 CPII 数据,进行站场内轨道施工测量。在铺设好多组道岔之后(道岔为有砟轨道,站场内为有砟轨道,站场外为无砟轨道),发现整体轨面标高低了 1cm,造成损失 20 余万元。

2. 事故原因分析

经过复核发现,施工所用的 CPII 点高程为棱镜杆高程,而实际应用高程杆高程(高程杆高程与棱镜杆高程相差 1cm),从而造成了轨面标高的整体偏差。若此工程为无砟轨道,将会造成巨大的经济损失。

【问题导入】

请仔细阅读本案例,分析测量事故发生的原因和在施工过程中如何避免此类事故的发生,若事故已经发生应该如何补救。

2.1 水准测量的基本原理和方法

2.1.1 水准测量的基本原理

水准测量是利用一条水平视线，并借助水准尺来测定地面两点间的高差，这样就可由已知点的高程推算出未知点的高程。

2.1.2 水准测量的方法

如图 2-1 所示，设水准测量的前进方向为 A 点到 B 点，则称 A 点为后视点，其水准尺读数 a 为后视读数；称 B 点为前视点，其水准尺读数 b 为前视读数；两点间的高差等于"后视读数 a" - "前视读数 b"。

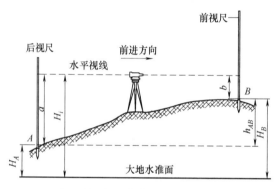

图 2-1 水准测量原理

水准测量原理.docx   音频.水准测量基本原理和方法.mp3   水准测量.mp4

如果后视读数大于前视读数，则高差为正，表示 B 点比 A 点高；如果后视读数小于前视读数，则高差为负，表示 B 点比 A 点低。

如果 A、B 两点相距不远，且高差不大，则安置一次水准仪，就可以测得 h_{AB}。

B 点高程计算公式如下。

(1) 高差法：

$$H_B = H_A + h_{AB} \tag{2-1}$$

(2) 视线高程法：
$$H_i = H_A + a \tag{2-2}$$
$$H_B = H_i - b \tag{2-3}$$

【案例 2-1】某施工单位在管段内的 A 特大桥桩基施工过程中，造成 A 特大桥 42#~46#墩台、51#墩台~59#墩台，共 14 个墩台的 116 根钻孔桩整体向线路左侧偏移 2m。

技术人员对设计图纸未进行认真审核，设计图纸中已经明确左线作为控制线，测量人员错误地将左线当成线路中线进行坐标计算及测量放样，造成钻孔桩偏移。项目部测量人员配备不足且工作年限较短，缺乏相关施工经验，未执行测量复核制。

分析上述测量事故发生的主要原因及解决方法。

2.2 水准测量的仪器与工具

水准测量所使用的仪器为水准仪，工具为水准尺和尺垫。

2.2.1 水准测量的仪器

水准仪按其精度可分为 DS05、DS1、DS2、DS3 和 DS10 五个等级。建筑工程测量广泛使用 DS3 级水准仪，如图 2-2 所示。

图 2-2 DS3 级水准仪

水准仪.docx

水准仪.mp4

根据水准测量的原理，水准仪的主要作用是提供一条水平视线，并能照准水准尺进行读数。因此，水准仪主要由望远镜、水准器及基座三部分构成。

1. 望远镜

物镜和目镜多采用复合透镜组，十字丝分划板上刻有两条互相垂直的长线，竖直的一条称竖丝，横的一条称为中丝，用于瞄准目标和读取读数，如图 2-3 所示。在中丝的上下还对称地刻有两条与中丝平行的短横线,用于测定距离,称为视距丝。十字丝分划板是由平板玻璃圆片制成的,平板玻璃片装在分划板座上,分划板座固定在望远镜筒上。十字丝交点与物镜光心的连线,称为视准轴或视线。水准测量如在视准轴水平时,可用十字丝的中丝截取水准尺上的读数。对光凹透镜可使不同距离的目标均能成像在十字丝平面上。再通过目镜,便可看清同时被放大的十字丝和目标影像。通过望远镜所看到的目标影像的视角与肉眼直接观察该目标的视角之比,称为望远镜的放大率。DS3 级水准仪望远镜的放大率一般为 28 倍。

2. 水准器

水准器是用来指示视准轴是否水平或仪器竖轴是否竖直的装置。有管水准器(见图 2-4)和圆水准器(见图 2-5)两种。管水准器用来指示视准轴是否水平;圆水准器用来指示竖轴是否竖直。

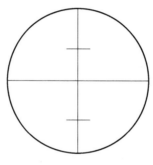

图 2-3 望远镜

图 2-4 管水准器

图 2-5 圆水准器

3. 基座

基座的作用是支承仪器的上部结构并与三脚架连接。它主要由轴座、脚螺旋、底板和三角压板构成。

2.2.2 水准尺

水准仪构造图.docx

水准尺是水准测量使用的标尺，可用优质的木材或玻璃钢、铝合金等材料制成。常用的水准尺有塔尺、折尺和双面水准尺三种。

水准尺.docx

1. 塔尺

塔尺是一种套接的组合尺，其长度为 3~5m，由两节或三节套接在一起，尺的底部为零点，尺面上黑白格相间，每格宽度为1cm，有的为0.5cm，在米和分米处有数字注记，如图 2-6 所示。

2. 折尺

折尺与塔尺的刻划标注基本相同，只是尺子可以一分为二对折，使用时打开，方便使用和运输。

3. 双面水准尺

尺长一般为3m，两根尺为一对。尺的双面均有刻划，正面为黑白相间，称为黑面尺(也称主尺)；背面为红白相间，称为红面尺(也称辅尺)。两面的刻划均为 1cm，在分米处注有数字。两根尺的黑面尺尺底均从零开始，而红面尺尺底，一根从 4.687m 开始，另一根从 4.787m 开始。在视线高度不变的情况下，同一根水准尺的红面和黑面读数之差应等于常数 4.687m 和 4.787m，这对常数称为尺常数，用 K 来表示，以此可以检核读数是否正确。双面水准尺如图 2-7 所示。

图 2-6 塔尺

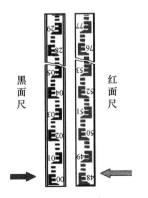

图 2-7 双面水准尺

双面水准尺.mp4

2.2.3 尺垫

尺垫由三角形的铸铁块制成，上面中央有个突起的半球，下面有三个尖角以便踩入土中，使其稳定，如图 2-8 所示。

尺垫.mp4

尺垫.docx

图 2-8 尺垫

使用时，将尺垫踏实，水准尺立于突起的半球顶部。当水准尺转动方向时，尺底的高程不会改变。

2.2.4 水准仪的使用

水准仪的使用包括仪器的安置、粗略整平、瞄准水准尺、精确整平和读数等操作步骤。

1. 安置水准仪

打开三脚架并使高度适中，目估使三脚架头大致水平，检查脚架腿是否安置稳固，脚架伸缩螺旋是否拧紧，然后打开仪器箱取出水准仪，置于三脚架头上并用连接螺旋将仪器牢固地固连在三脚架头上。

2. 粗略整平

粗略整平是借助圆水准器的气泡居中，使仪器竖轴大致铅垂，从而视准轴粗略水平。在整平的过程中，气泡的移动方向与左手大拇指运动的方向一致，如图 2-9 所示。

3. 瞄准水准尺

首先进行目镜对光，即把望远镜对着明亮的背景，转动目镜对光螺旋，使十字丝清晰。再松开制动螺旋，转动望远镜，用望远镜筒上的照门和准星瞄准水准尺，拧紧制动螺旋。然后从望远镜中观察，转动物镜对光螺旋进行对光，使目标清晰，再转动微动螺旋，使竖丝对准水准尺。当眼睛在目镜端上下微微移动时，若发现十字丝与目标影像有相对运动，这种现象称为视差。产生视差的原因是，目标成像的平面和十字丝平面不重合。由于视差的存在会影响读数的准确性，必须加以消除。消除的方法是重新仔细地进行物镜对光，直到眼睛上下移动时读数不变为止。此时，从目镜端见到十字丝与目标影像都十分清晰。

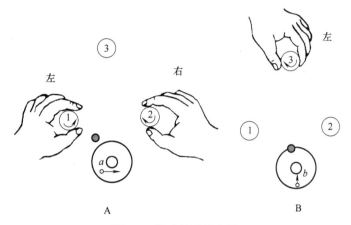

图 2-9　粗略整平示意图

4. 精确整平

精确整平是指眼睛通过位于目镜左方的复合气泡观察窗看水准管气泡，右手转动微倾螺旋，使气泡两端的像吻合，如图 2-10 所示，即表示水准仪的视准轴已精确整平。

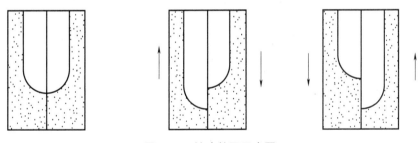

图 2-10　精确整平示意图

5. 读数

现在的水准仪多采用倒像望远镜，因此读数时应从小往大，即从上往下读。先估读毫米数，然后报出全部读数，如图 2-11 所示。精确整平和读数虽是两项不同的操作步骤，但在水准测量的实施过程中，却把两项操作视为一个整体，即精确整平后再读数，读数后还要检查管水准气泡是否完全符合。只有这样，才能取得准确的读数。

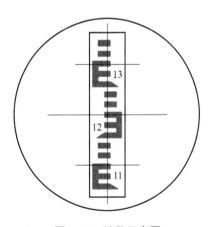

图 2-11　读数示意图

2.3 水准测量的方法与成果处理

2.3.1 水准点

用水准测量的方法测定的高程控制点，称为水准点，记为 BM(Bench Mark)。水准点有永久性水准点和临时性水准点两种。

1. 永久性水准点

国家等级永久性水准点，如图 2-12 所示。有些永久性水准点的金属标志也可镶嵌在稳定的墙角上，称为墙上水准点，如图 2-13 所示。建筑工地上的永久性水准点，其形式如图 2-14 所示。

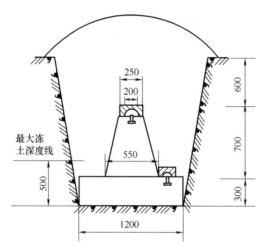

图 2-12　国家等级永久性水准点

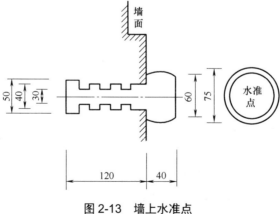

图 2-13　墙上水准点

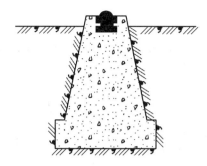

图 2-14 建筑工地上的永久性水准点

2. 临时性水准点

临时性水准点可用地面上突出的坚硬岩石或用大木桩打入地下，桩顶钉以半球状铁钉作为水准点的标志，如图 2-15 所示。

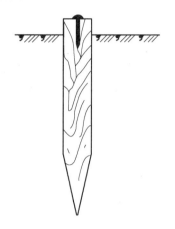

图 2-15 临时性水准点

2.3.2 水准路线与成果检核

在水准点之间进行水准测量所经过的路线，称为水准路线。相邻两水准点间的路线称为测段。

在一般的工程测量中，水准路线布设形式主要有以下三种。

1. 闭合水准路线

1) 闭合水准路线的布设方法

闭合水准路线的布设方法如图 2-16 所示，从已知高程的水准点 BMA 出发，沿各待定高程的水准点 1、2、3 进行水准测量，最后又回到原出发点 BMA 的环形路线，称为闭合水准路线。

2) 成果检核

从理论上讲，闭合水准路线各测段高差代数和应等于零，即

$$\sum h_{理论}=0 \tag{2-4}$$

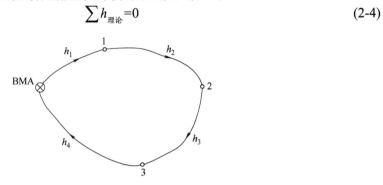

图 2-16 闭合水准路线

2. 附合水准路线

1) 附合水准路线的布设方法

附合水准路线的布设方法如图 2-17 所示，从已知高程的水准点 BMA 出发，沿待定高程的水准点 1、2、3 进行水准测量，最后附合到另一已知高程的水准点 BMB 所构成的水准路线，称为附合水准路线。

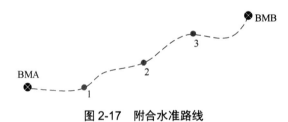

图 2-17 附合水准路线

2) 成果检核

从理论上讲，附合水准路线各测段高差代数和应等于两个已知高程水准点之间的高差，即

$$\sum h_{理论}=H_{BMB}-H_{BMA} \tag{2-5}$$

3. 支水准路线

1) 支水准路线的布设方法

支水准路线的布设方法如图 2-18 所示，从已知高程的水准点 BMA 出发，沿待定高程的水准点 1 进行水准测量，这种既不闭合又不附合的水准路线，称为支水准路线。支水准路线要进行往返测量，以资检核。

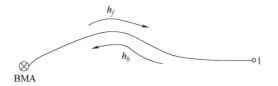

图 2-18 支水准路线

2) 成果检核

从理论上讲，支水准路线往测高差与返测高差的代数和应等于零，即

$$\sum h_f + \sum h_b = 0 \tag{2-6}$$

2.3.3 水准路线的实施

水准测量按一定的水准路线进行，如图 2-19 所示。

$$H_B = H_A + h_{AB} \tag{2-7}$$

$$h_{AB} = \sum h = h_1 + h_2 + \cdots = (a_1 - b_1) + (a_2 - b_2) + \cdots = \sum a - \sum b \tag{2-8}$$

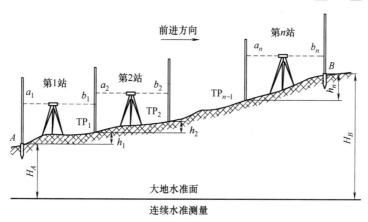

图 2-19 水准测量示意图

1. 测站检核

1) 两次仪器高法

在每一测站上用两次不同仪器高度的水平视线(改变仪器高度应在 10cm 以上)来测定相邻两点间的高差；如果两次高差观测值不相等，对图根水准测量，其差的绝对值应小于 5mm，否则应重测。

2) 双面尺法

用双面尺法进行水准测量就是同时读取每一把水准尺的黑面和红面分划读数，然后由前后视尺的黑面读数计算出一个高差，再由前后视尺的红面读数计算出另一个高差，以这两个高差之差是否小于某一限值来进行检核。在每一测站上仪器高度不变，这种方法可加快观测的速度。立尺点和水准仪的安置同两次仪器高法。

其观测顺序简称为"后—前—前—后",对于尺面分划来说,顺序为"黑—黑—红—红"。

由于在一对双面水准尺中,两把尺子的红面零点注记分别为 4687 和 4787,零点差为 100mm,在每站观测高差的计算中,当 4787 水准尺位于后视点,4687 水准尺位于前视点时,采用红面尺读数计算出的高差比采用黑面尺读数计算出的高差大 100mm;当 4687 水准尺位于后视点,4787 水准尺位于前视点时,采用红面尺读数计算出的高差比采用黑面尺读数计算出的高差小 100mm。因此在每站高差计算中,要先将红面尺读数计算出的高差加或减 100mm 后才能与黑面尺读数计算出的高差取平均值。

2. 计算检核

观测与记录表如表 2-1 所示。

表 2-1　观测与记录表

测站	测点	水准尺读数(mm)		高差(m)		高程(m)
		后视(a)	前视(b)	+	-	
1	A	1234		0.427		90.00
	TP_1	1678	0807			
2	TP_1			0.994		
	TP_2	1523	0684			
3	TP_2			0.235		
	TP_3	1065	1288			
4	TP_3				0.783	90.873
	B		1848			
计算核验	Σ	5500	4627	1.656	0.783	
	$\Sigma a - \Sigma b = 873\text{mm} = 0.873\text{m}$			+0.873		

AB 两点高差等于各段高差的代数和,并且等于测量行程中水准尺后视数总和减去前视数总和。计算检核只能检核计算过程中的错误,不能发现观测和记录时发生的错误。

2.3.4　三、四等水准测量

三、四等水准测量的双面尺法如表 2-2 所示。

表 2-2　三、四等水准测量手簿(双面尺法)

测站编号	点号	后尺 上丝/下丝 后视距 视距差	前尺 上丝/下丝 前视距 ∑d	方向及尺号	水准尺读数 黑面	水准尺读数 红面	K+黑-红	平均高差/m	备注
		(1) (2) (9) (11)	(5) (6) (10) (12)	后 前 后-前	(3) (4) (15)	(8) (7) (16)	(14) (13) (17)	(18)	K 为水准尺常数表中
1	BM.1-TP.1	1571 1197 37.4 -0.2	0739 0363 37.6 -0.2	后 12 前 13 后-前	1384 0551 +0.833	6171 5239 +0.932	0 -1 +1	+0.8325	K_{12}=4.787 K_{13}=4.687
2	TP.1-TP.2	2121 1747 37.4 -0.1	2196 1821 37.5 -0.3	后 13 前 12 后-前	1934 2008 -0.074	6621 6796 -0.175	0 -1 +1	-0.0745	
3	TP.2-TP.3	1914 1539 37.5 -0.2	2055 1678 37.7 -0.5	后 12 前 13 后-前	1726 1886 -0.140	6513 6554 -0.041	0 -1 +1	-0.1405	K 为水准尺常数表中
4	TP.3-A	1965 1700 26.5 -0.2	2141 1874 26.7 -0.7	后 13 前 12 后-前	1832 2007 -0.175	6519 6793 -0.274	0 +1 -1	-0.1745	K_{12}=4.787 K_{13}=4.687
每页检核		∑(9)=138.8 -)∑(10)=139.5 =-0.7=4 站(12) ∑(18)=+0.443	∑[(3)+(8)]=32.700 -)∑[(6)+(7)]=31.814 =+0.886 2∑(18)=+0.886		∑[(15)+(16)]=+0.886 总视距 ∑(9)+∑(10)=287.3				

1. 观测方法

1) 四等水准测量

视线长度不超过 100m。在每一测站上，可按下列顺序进行观测。

(1) 后视水准尺的黑面，读下丝、上丝和中丝读数(1)、(2)、(3)。

(2) 后视水准尺的红面，读中丝读数(8)。

(3) 前视水准尺的黑面，读下丝、上丝和中丝(4)、(5)、(6)。

(4) 前视水准尺的红面,读中丝读数(7)。

以上的观测顺序为后—后—前—前,在后视和前视读数时,均先读黑面再读红面,读黑面时读三丝读数,读红面时只读中丝读数。括号内数字为读数顺序。括号内数字表示观测和计算顺序,同时也说明有关数字在表格内应填写的位置。

2) 三等水准测量

视线长度不超过75m。观测顺序应为后—前—前—后。

(1) 后视水准尺的黑面,读下丝、上丝和中丝读数。

(2) 前视水准尺的黑面,读下丝、上丝和中丝读数。

(3) 前视水准尺的红面,读中丝读数。

(4) 后视水准尺的红面,读中丝读数。

2. 计算和检核

1) 视距计算

$$后视视距(9)=(1)-(2) \tag{2-9}$$

$$前视视距(10)=(5)-(6) \tag{2-10}$$

前、后视距在表内均以 m 为单位,即(下丝-上丝)×100

$$前后视距差(11)=(9)-(10) \tag{2-11}$$

对于四等水准测量,前后视距差不得超过 5m;对于三等水准测量,前后视距差不得超过 3m。

2) 同一水准尺红、黑面读数差的检核

同一水准尺红、黑面读数差为:

$$(13)=(4)+K-(7) \tag{2-12}$$

$$(14)=(3)+K-(8) \tag{2-13}$$

K 为水准尺红、黑面常数差,一对水准尺的常数差 K 分别为4.687和4.787。对于四等水准测量,红、黑面读数差不得超过 3mm;对于三等水准测量,红、黑面读数差不得超过 2mm。

【案例2-2】某施工单位施工 A 桥梁,其中一根钻孔桩向大里程侧偏位 1m。

通过分析计算理论坐标和放样使用坐标发现:该钻孔桩的理论坐标计算无误,现场放样使用坐标也无误。但因该坐标数据正好处于坐标表的折缝处(数字不清),现场技术员在放样过程中误将 Y 坐标的个位数 5 看成 6,桩位复核时,另一技术员也误将 5 看成 6 造成桩位侧偏。

分析上述测量事故的主要原因和解决方法。

2.4 水准测量误差

2.4.1 仪器误差

1. 仪器校正后的视角误差

仪器校正后的视角误差的原因：理论上水准管轴应与视准轴平行，若两者不平行，虽经校正但仍然残存误差，即两轴线不平行形成夹角。这种误差的影响与仪器至水准尺的距离成正比，属于系统误差。若观测时使前、后视距相等，可消除或减弱此项误差的影响。

音频.水准仪误差产生的原因.mp3

2. 水准尺误差

水准尺误差是由于水准尺刻划不准确，尺长发生变化、弯曲等，这些都会对水准测量造成影响，因此水准尺在使用之前必须进行检验。若由于水准尺长期使用导致尺底端零点磨损，则可以在一水准测段中测量偶数站来消除。

2.4.2 观测误差

观测误差是与观测过程有关的误差项，如图 2-20 所示，主要因为观测者自身素质、人眼判断能力及仪器本身精度限制所导致。因此，要减弱这些误差项的影响，测量工作人员必须严格、认真地遵守操作规程。具体的误差项主要如下。

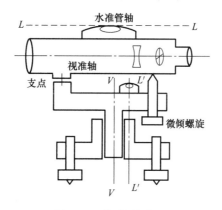

图 2-20 误差观测

(1) 水准管气泡的居中误差。
(2) 估读水准尺的误差。
(3) 视差的影响。
(4) 水准尺倾斜的影响。

音频.视差产生的原因与消除方法.mp3

2.4.3 外界重要因素的影响

1. 仪器下沉

由于观测过程中仪器下沉,使视线降低,从而使观测高差产生误差。这种误差可通过采用"后—前—前—后"的观测程序减弱其影响。

2. 尺垫下沉

如果在转点发生尺垫下沉,将使下站的后视读数增大,并引起高差误差。采用往、返观测的方法,取成果的中数,可以减弱其影响。

3. 地球曲率及大气折光影响

如图 2-21 所示,水准面是一个曲面,而水准仪观测时是用一条水平视线来代替本应与大地水准面平行的曲线进行读数,因此会产生地球曲率所导致的误差影响。由于地球半径较大,可以认为当水准仪前、后视距相等时,用水平视线代替平行于水准面的曲线,前、后尺读数误差相等。

另外,由于大气密度不均匀,产生大气折光的影响,视线会发生弯曲,大气折光给读数带来的影响与视距长度成正相关。前后视距相等可消除大气折光影响,但当视线距地面太近时,大气会影响水准测量的精度。

综上所述,在水准测量作业时,控制视线离地面的高度(大于 0.3m),并尽量保持前、后视距相等,可大大减弱地球曲率及大气折光对高差结果的影响。

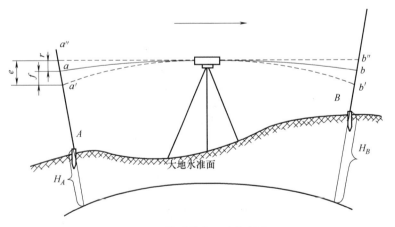

图 2-21 地球曲率及大气折光

4. 温度影响

当烈日照射水准管时,由于水准管本身和管内液体温度升高,气泡向着温度高的方向移动,从而影响仪器水平,产生气泡居中误差。因此观测时要用遮阳伞遮住仪器,避免阳光直射，或者使测量工作避开阳光强烈的中午时段。

总之，水准测量是测量中的一项需要频繁操作的工作。水准测量精确与否直接影响工程质量。所以我们要熟练掌握技术，把测量误差降到最小，精益求精，力求做得更好。

【案例 2-3】 某工程高程控制网复测(水准三等)，往测时由 A 点测至 B 点(第一次复测)，往测结束后在未换尺的情况下直接进行返测。复测后发现 A 点至 B 点实测高差的往返测合格(往返测不符值约 3mm)，但与设计高差相差近 2cm。在进行整体复测完毕后，对 A、B 点相邻点实测高差进行分析，确定 B 点高程变动，进行平差计算时，对 B 点高程进行了更改。

在一个月后进行了第二次高程复测，复测完毕后发现 A、B 点间高差与原设计标高基本相同，误差约 2mm。经过现场重复测量，确定在第一次复测时的 A、B 点高差实测错误。

经过对第一次高程复测的原始记录进行分析，确定第一次复测时在 B 点立尺人员没有把水准尺放在 B 点(往测时最后一站高差和返测时第一站高差绝对值基本相同，高差绝对值相差小于 1mm。在往测最后一站与返测第一站，仪器离两水准尺距离基本相同)，而是放在了 B 点的点槽内，造成了标高的往测值错误，而在返测的过程中亦没有进行前后视换尺，而是直接进行返测。

结合案例简述该测量事故发生后的处理方法。

本章小结

通过本章的学习，学生可以了解水准测量的原理和方法，水准测量的仪器与工具，水准测量的方法与成果处理，水准测量的误差。希望学生能够掌握水准测量的基础知识以及相关的知识点，并举一反三，学以致用。

实训练习

一、单选题

1. 水准测量中，设后尺 A 的读数 a=2.713m，前尺 B 的读数为 b=1.401m，已知 A 点高程为 15.000m，则视线高程为(   )m。

   A. 13.688   B. 16.312   C. 16.401   D. 17.713

2. 在水准测量中，若后视点 A 的读数大，前视点 B 的读数小，则(   )。

   A. A 点比 B 点低
   B. A 点比 B 点高
   C. A 点与 B 点可能同高
   D. A、B 点的高低取决于仪器高度

3. 自动安平水准仪，(   )。

   A. 既没有圆水准器也没有管水准器   B. 没有圆水准器

C. 既有圆水准器也有管水准器   D. 没有管水准器

4. 产生视差的原因是(　　)。
   A. 观测时眼睛位置不正   B. 物像与十字丝分划板平面不重合
   C. 前后视距不相等   D. 目镜调焦不正确

5. 视差是因望远镜调焦不正确而造成的，消除视差的方法是再次进行(　　)。
   A. 物镜和目镜调焦   B. 物镜调焦
   C. 目镜调焦   D. 仪器对中和整平

6. 水准仪的(　　)应平行于仪器竖轴。
   A. 视准轴   B. 圆水准器轴   C. 十字丝横丝   D. 管水准器轴

7. DS1水准仪的观测精度要(　　)DS3水准仪。
   A. 高于   B. 接近于   C. 低于   D. 等于

8. 闭合水准路线高差闭合差的理论值为(　　)。
   A. 总为0   B. 与路线形状有关
   C. 一不等于0的常数   D. 由路线中任两点确定

9. 普通水准测量采用"双仪高"方法观测是为了进行(　　)。
   A. 路线误差检核   B. 测站误差检核
   C. 仪器误差检核   D. 观测者误差检核

10. 水准路线高差闭合差的调整(分配)方法是将闭合差(　　)分配于各测段观测高差。
    A. 反号平均   B. 反号按与线路长成正比
    C. 同号按与线路长成正比   D. 同号平均

二、多选题

1. 一般而言，确定地面点位需要测量的三个参数是(　　)。
   A. 水平角度   B. 竖直角度   C. 水平距离
   D. 高程(高差)   E. 仪器高度

2. (　　)就是测量的三项基本工作。
   A. 测量水平角   B. 测量磁方位角   C. 测量竖直角
   D. 测量水平距离   E. 测量高程(高差)

3. A点高程230.000m，B点高程236.500m，下列说法中的(　　)是正确的。
   A. B点比A点高   B. A点比B点高
   C. A和B的高差是6.500m   D. A和B的高差是-6.500m
   E. A点到B点的坡度是6.5%

4. A点高程330.000m，B点高程230.000m，下列说法中的(　　)是错误的。
   A. B点比A点高   B. A点比B点高
   C. A和B的高差是100.000m   D. A和B的高差是-100.000m

E. A 点到 B 点的坡度是 10.0%

5. 已知 A、B、C 三点的绝对高程分别为 250.000m、290.000m、520.000m，如果 B 点在某假定高程系统中的相对高程为 200.000m，则下列说法中的(　　)是正确的。

   A. A 点的相对高程是 300.000m　　　B. A 点的相对高程是 160.000m

   C. C 点的相对高程是 610.000m　　　D. C 点的相对高程是 430.000m

   E. A 和 C 的高差是 270.000m

6. 已知 A、B、C 三点的绝对高程分别为 550.000m、290.000m、320.000m，如果 B 点在某假定高程系统中的相对高程为 90.000m，则下列说法中的(　　)是错误的。

   A. A 点的相对高程是 350.000m　　　B. A 点的相对高程是 160.000m

   C. C 点的相对高程是 610.000m　　　D. C 点的相对高程是 120.000m

   E. A 和 C 的高差是 230.000m

7. 在某假定高程系统中，A、B、C 三点的相对高程分别是 80.0m、85.0m、100.0m，如果假定水准面的绝对高程是 100.0m，则下列说法中的(　　)是正确的。

   A. A 点的绝对高程是 180.0m　　　B. A 点的绝对高程是-20.0m

   C. B 点的绝对高程是 185.0m　　　D. B 点的绝对高程是-15.0m

   E. C 点的绝对高程是 200.0m

8. 使用水准仪测量确定待求点高程的方法有(　　)。

   A. 高差法　　　　　B. 视距高程法　　　　　C. 视线高法

   D. 三角高程法　　　E. 气压高程法

9. 望远镜一般由(　　)组成。

   A. 物镜　　　　　　B. 物镜调焦透镜　　　　C. 十字丝分划板

   D. 脚螺旋　　　　　E. 目镜

10. 水准尺的种类很多，按照连接方式划分有(　　)。

    A. 直尺　　B. 塔尺　　C. 不锈钢尺　　D. 木尺　　E. 折尺

三、简答题

1. 试简述水准测量的基本原理。
2. 水准仪欲正常使用，必须满足哪些几何轴线关系？
3. 水准测量时，把仪器安置在前、后视距大致相等的地方，能消除哪些误差的影响？
4. 何谓视差？产生视差的原因是什么？怎样消除视差？
5. 为什么水准测量读数时，视线不能太靠近地面？

第 2 章课后答案.docx

实训工作单

班级		姓名		日期	
教学项目	水准测量				
学习项目	水准测量的方法与成果处理	学习要求		掌握基本概念，熟悉操作流程	
相关知识			水准仪的使用、水准测量的方法、水准路线、三四等水准测量		
其他内容			水准测量中的误差		
学习记录					
评语				指导老师	

第3章 角度测量

【教学目标】

- 了解角度测量的基本原理和方法。
- 掌握角度测量的仪器和工具。
- 掌握光学经纬仪测量方法。
- 了解光学经纬仪的检验与校正。

第3章 角度测量.pptx

【教学要求】

本章要点	掌握层次	相关知识点
角度测量	掌握角度测量的原理	水平角、竖直角的概念
光学经纬仪	了解光学经纬仪的结构	照准装置、读数装置、安平装置
光学经纬仪的观测方法	掌握光学经纬仪的使用方法	水平角、竖直角的测量方法
经纬仪的检验与校正	了解检验和校正经纬仪误差的方法	经纬仪应满足的几何条件

【案例导入】

某施工单位承接了某小区 A 栋住宅，建筑面积 $10636m^2$，地下面积 $1047m^2$；地上十层，地下一层。测量人员在进行施工现场测轴线的过程中，发现两控制点之间的方位与设计方位偏差 1°，经研究发现，这是由于测量角度时读数错误导致的，现场没有发现，因而导致中线偏差事故。

【问题导入】

请仔细阅读本案例，分析在工程实践中如何进行角度观测。

3.1 角度测量概述

角度测量可分为水平角测量和竖直角测量。水平角测量用于确定地面点的平面位置，竖直角测量用于间接确定地面点的高程和地面点之间的

角度测量.mp4

距离。

1. 水平角

水平角是指相交的两条直线之间的夹角在水平面上的投影,如图 3-1 所示,角度范围为 0°～360°。

$$\beta = b - a \tag{3-1}$$

式中：β——水平角；
b——A 到 O_1 之间的读数；
a——A 到 O_2 之间的读数。

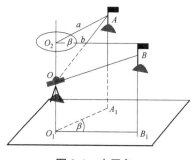

图 3-1 水平角

水平角与竖直角.docx

音频.观测水平角时引起误差的原因.mp3

2. 竖直角

竖直角是指空间直线与水平面之间的夹角,如图 3-2 所示,角度范围为 0°～±90°。当视线位于水平线之上时,竖直角为正,称为仰角；反之,当视线位于水平线之下时,竖直角为负,称为俯角。

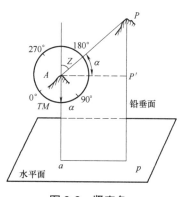

图 3-2 竖直角

3.2 光学经纬仪

3.2.1 光学经纬仪的结构

光学经纬仪的主要功能是测量纵、横轴线(中心线)以及垂直度的控制测量等。光学经纬仪主要用于机电工程建(构)筑物建立平面控制网的测量以及厂房(车间)柱安装铅垂度的控制测量,用于测量纵向、横向中心线,建立安装测量控制网并在安装全过程中进行测量控制。

我国生产的经纬仪用"DJ"表示,"D"为"大地测量"中的"大"字的汉语拼音的首字母,"J"为"经纬仪"中的"经"字的汉语拼音的首字母,紧跟其后的阿拉伯数字代表仪器的精度。经纬仪的精度用水平方向一测回中误差表示。例如,DJ6 表示其一测回方向中误差为"6"的经纬仪型号,其他型号可依次类推。DJ6 光学经纬仪是目前工程上使用最广泛的经纬仪,如图 3-3 所示。

光学经纬仪.mp4

音频.经纬仪的结构组成.mp3

光学经纬仪与构造图.docx

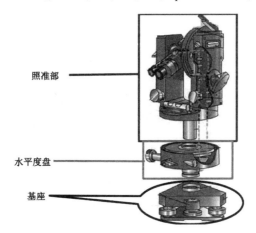

图 3-3 DJ6 光学经纬仪

DJ6 光学经纬仪的基本结构如图 3-4 所示,主要包括:①三脚架;②基座;③照准部:竖轴、横轴、照准轴、水平度盘、垂直度盘、支架及读数显微镜。

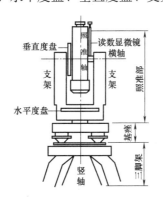

图 3-4 DJ6 光学经纬仪的基本结构

脚架.docx

3.2.2 光学经纬仪的照准装置

光学经纬仪的照准装置如图 3-5 所示。

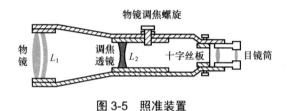

图 3-5 照准装置

1. 成像原理

物镜和调焦透镜构成了一个焦距可变的等效透镜。调整两者的间距，可使目标成像于十字丝板。十字丝板安装在目镜的前焦点之内，通过目镜可观测到目标放大的虚像，如图 3-6 所示。

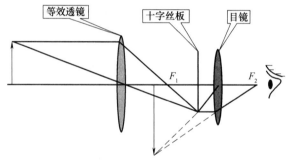

图 3-6 成像原理

2. 十字丝分划板

十字丝是用于精确照准目标和视距的装置，常见的刻划形式如图 3-7 所示。

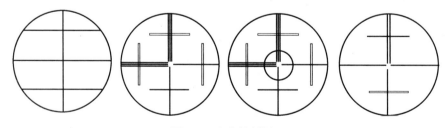

图 3-7 十字丝刻划

十字的中心与物镜中心的连线，称为照准轴，是照准目标的基准线。中央的纵丝，用以测定水平角，当目标细长时，可用单丝照准；目标稍粗时，其头部影像置于中央空白处，再用单丝切分；若目标较粗时，可用双丝夹切。横丝也叫水平丝，用于测定垂直角，使其与目标顶部和特定部位相切。与纵丝垂直的上下两条短横丝，以及与横丝正交的左右两条短竖丝,叫视距丝,它们分别与竖置、横置的标尺相配合,可直接读出距离。

3.2.3 光学经纬仪的读数装置

1. 度盘

度盘的直径为 60～90mm,刻度最小划分为 1°。

2. 光路

光路主要由水平度盘光路、垂直度盘光路和对点器光路组成,如图 3-8 所示。

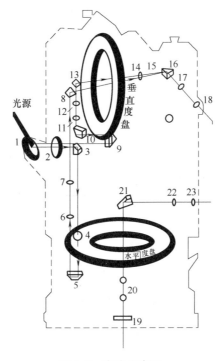

图 3-8 光路示意图

图中 1 是单面反光镜,将外界光线反射到仪器内;2 是一块毛玻璃,其作用是使光线变得均匀和柔和,然后分别传递到水平度盘和垂直度盘。

水平度盘光路:入射光线经由棱镜 3 转向 90°,再经聚光透镜 4,使明亮的光线照射到水平度盘一侧,这一段称为照明路段,如果视场中没有光线和亮度不均匀,则系棱镜 3 位置不当所致。等腰棱镜 5,把投射下的度盘刻划影像转向 180°,经成像透镜组 6、7 并经转向棱镜 8,把水平度盘刻划影像成像在读数窗 14 中的测微板 15 上,这一段称为成像路段。如果视场中出现度盘分划影像格距与测微板上相应分划格距不一致(称为行差),或度盘影像与测微板上的分划不能同时清晰(称为视差),则系棱镜 6、7 位置不当所致。棱镜 16 把测微板上的影像转向 90°后,经透镜 17 成像在目镜 18 的前焦点内,这样由目镜 18,即可同时看到测微板上测微分划和度盘分划的放大虚像。

垂直度盘光路：与水平度盘光路相似，1、2 及棱镜 9，组成照明路段，把竖盘一侧的分划照亮；11、12 是竖盘成像透镜组，把经棱镜 10 传过的影像经棱镜 13 成像在测微板 15 的另一个位置上，显然 11、12 的位置关系影响竖盘影像的行差和视差；最后 16～18 与水平度盘光路相同，由目镜看到竖盘分划与测微板分划的放大虚像。

光学对点器光路：来自地面上带有标志点中心影像的光线，通过防护玻璃 19、物镜 20 和转向棱镜 21 后，成像于标志板 22 上，然后通过目镜 23 的放大作用，可以从目镜处看到地面标志中心和标志板的影像。标志板上的小圆圈代表仪器中心，当仪器水平时，只要地面标志点中心与小圆圈重合，即说明仪器中心与地面标志点位于同一铅垂线上。

3. 测微装置与使用

使用时，度、分直接读出，秒值估读，如图 3-9 所示。

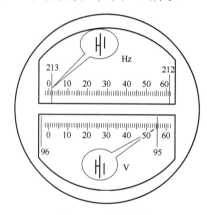

图 3-9　度盘读数

该度盘读数为：水平角读数：213°01′24″；垂直读数：95°55′30″。

3.2.4　光学经纬仪的安平装置

水准器有管水准器和圆水准器两种。

1. 管水准器

管水准器水准轴：过管水准器内壁圆弧中点并与圆弧相切的直线，如图 3-10 所示。

管水准器的分划值(t)：水准器相邻两分划对应的圆心角，如图 3-11 所示。

相邻分划间弧长一般为 2mm。

$$t = (2mm/R)\rho''　　　　(3-2)$$

管水准器与圆水准器.docx

t 值越小，水准器的灵敏度越高。

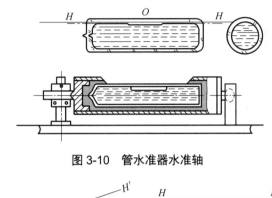

图 3-10 管水准器水准轴

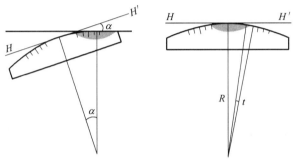

图 3-11 管水准器

2) 圆水准器

圆水准器水准轴：过圆水准器顶部中心并垂直于顶部的直线。

圆水准器的分划值：$t = 8' \sim 60'$。

圆水准器用于粗略整平，管水准器用于精确整平。

3.3 光学经纬仪观测方法

3.3.1 光学经纬仪的用法

1. 架设设备

将经纬仪放置在架头上，使架头大致水平，旋紧连接螺旋。

2. 对中

对中的目的是使仪器中心与测站点位于同一铅垂线上。可以移动脚架、旋转脚螺旋，使对中标志准确地对准测站点的中心。

3. 整平

整平的目的是使仪器竖轴铅垂，水平度盘水平。根据水平角的定义，水平角是两条方向线的夹角在水平面上的投影，所以水平度盘一定要水平。

1）粗平

伸缩脚架腿，使圆水准气泡居中。

检查并精确对中：检查对中标志是否偏离地面点。如果偏离了，旋松三脚架上的连接螺旋，平移仪器基座使对中标志准确对准测站点的中心，拧紧连接螺旋。

2）精平

旋转脚螺旋，使管水准气泡居中。

4. 瞄准与读数

(1) 目镜对光：目镜调焦使十字丝清晰。

(2) 瞄准和物镜对光：粗瞄目标，物镜调焦使目标清晰。注意消除视差，精瞄目标。

(3) 读数：调整照明反光镜，使读数窗亮度适中，旋转读数显微镜的目镜，使刻划线清晰，然后读数。

3.3.2 水平角测量方法

普通测量中常用的水平角观测方法有测回法和方向观测法两种。

1. 测回法

测回法有两个基本概念：盘左和盘右，如图 3-12 所示。

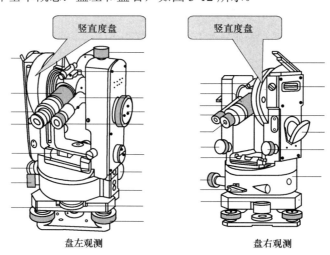

图 3-12　盘左观测和盘右观测

测回法用于观测两个目标方向之间的水平角，是以正镜、倒镜分别观测两个方向之间的水平角的方法。这种方法只适用两个方向的单个角度的观测。

如图 3-13 所示，设 O 为测站点，A、B 为观测目标，用测回法观测 OA 与 OB 两方向之

间的水平角 β，具体施测步骤如下。

(1) 在测站点 O 处安置经纬仪，在 A、B 两点竖立测杆或测钎等，作为目标标志。

(2) 将仪器置于盘左位置，转动照准部，先瞄准左目标 A，读取水平度盘读数 a_L，设读数为 $0°01'30''$，记入测回法观测手簿(见表 3-1)的相应栏内。松开照准部制动螺旋，顺时针转动照准部，瞄准右目标 B，读取水平度盘读数 b_L，设读数为 $98°20'48''$，记入表 3-1 的相应栏内。

图 3-13 水平角测量(测回法)

以上称为上半测回，盘左位置的水平角 β_L（也称上半测回角值）为：

$$\beta_L = b_L - a_L = 98°20'48'' - 0°01'30'' = 98°19'18''$$

(3) 松开照准部制动螺旋，倒转望远镜成盘右位置，先瞄准右目标 B，读取水平度盘读数 b_R，设读数为 $278°21'12''$，记入表 3-1 的相应栏内。松开照准部制动螺旋，逆时针转动照准部，瞄准左目标 A，读取水平度盘读数 a_R，设读数为 $180°01'42''$，记入表 3-1 的相应栏内。

以上称为下半测回，盘右位置的水平角 β_R（也称下半测回角值）为：

$$\beta_R = b_R - a_R = 278°21'12'' - 180°01'42'' = 98°19'30''$$

上半测回和下半测回构成一测回。

表 3-1 测回法观测手簿

测 站	竖盘位置	目 标	水平盘读数 (° ′ ″)	半测回角值 (° ′ ″)	一测回角值 (° ′ ″)	各测回平均值 (° ′ ″)
第一测回 O	左	A	0 01 30	98 19 18	98 19 24	98 19 30
		B	98 20 48			
	右	A	180 01 42	98 19 30		
		B	278 21 12			
第二测回 O	左	A	90 01 06	98 19 30	98 19 36	
		B	188 20 36			
	右	A	270 00 54	98 19 42		
		B	8 20 36			

(4) 对于 DJ6 型光学经纬仪，如果上、下两半测回角值之差不大于±40″，则可认为观测合格。此时，可取上、下两半测回角值的平均值作为一测回角值 β。

在本例中，上、下两半测回角值之差为：

$$\Delta\beta = \beta_L - \beta_R = 98°19'18'' - 98°19'30'' = -12''$$

一测回角值为：

$$\beta = 1/2(\beta_L + \beta_R) = 1/2(98°19'18'' + 98°19'30'') = 98°19'24''$$

将结果记入表 3-1 的相应栏内。

2. 方向观测法

方向观测法是以两个以上的方向为一组，从初始方向开始，依次进行水平方向观测，正镜半测回和倒镜半测回，照准各方向目标并读数的方法。

如图 3-14 所示，设 O 为测站点，A、B、C、D 为观测目标，用方向观测法观测各方向间的水平角，具体施测步骤如下。

(1) 在测站点 O 处安置经纬仪，在 A、B、C、D 观测目标处竖立观测标志。

(2) 盘左位置选择一个明显目标 A 作为起始方向，瞄准零方向 A，将水平度盘读数安置在稍大于 0°处，读取水平度盘读数，记入表 3-2 方向观测法观测手簿第 4 栏。

松开照准部制动螺旋，顺时针方向旋转照准部，依次瞄准 B、C、D 各目标，分别读取水平度盘读数，记入表 3-2 第 4 栏，为了校核，再次瞄准零方向 A，称为上半测回归零，读取水平度盘读数，记入表 3-2 第 4 栏。

零方向 A 的两次读数之差的绝对值，称为半测回归零差，归零差不应超过表 3-3 中的规定，如果归零差超限，应重新观测。以上称为上半测回。

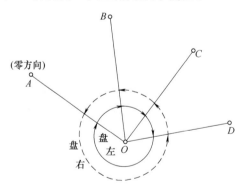

图 3-14 方向观测法

(3) 盘右位置逆时针方向依次照准目标 A、D、C、B、A，并将水平度盘读数由下向上记入表 3-2 第 5 栏，此为下半测回。

上、下两个半测回合称一测回。为了提高精度，有时需要观测 n 个测回，则各测回起始方向仍按 180°/n 的差值，安置水平度盘读数。

3. 方向观测法的计算方法

(1) 计算两倍视准轴误差 $2c$ 值：

$$2c=盘左读数-(盘右读数\pm180°) \tag{3-3}$$

上式中，盘右读数大于 180°时取"-"，盘右读数小于 180°时取"+"。计算各方向的 $2c$ 值，填入表 3-2 第 6 栏。一测回内各方向 $2c$ 值互差不应超过表 3-3 中的规定。如果超限，应在原度盘位置重测。

(2) 计算各方向的平均读数，平均读数又称为各方向的方向值：

$$平均读数=1/2[盘左读数+(盘右读数\pm180°)] \tag{3-4}$$

计算时，以盘左读数为准，将盘右读数加或减 180°后，和盘左读数取平均值。计算各方向的平均读数，填入表 3-2 第 7 栏。起始方向有两个平均读数，故应再取其平均值，填入表 3-2 第 7 栏上方小括号内。

(3) 计算归零后的方向值，将各方向的平均读数减去起始方向的平均读数(括号内数值)，即可得各方向的"归零后方向值"，填入表 3-2 第 8 栏。起始方向归零后的方向值为零。

(4) 计算各测回归零后方向值的平均值，多测回观测时，同一方向值各测回互差，符合表 3-3 中的规定，则取各测回归零后方向值的平均值，作为该方向的最后结果，填入表 3-2 第 9 栏。

表 3-2　方向观测法观测手簿

测站	测回数	目标	水平度盘读数		$2c$	平均读数	归零后方向值	各测回归零后方向平均值	略图及角值
			盘 左	盘 右					
			(° ′ ″)	(° ′ ″)	(″)	(° ′ ″)	(° ′ ″)	(° ′ ″)	
1	2	3	4	5	6	7	8	9	10
0	1	A	0 02 12	180 02 00	+12	(0 02 10) 0 02 06	0 00 00	0 00 00	
		B	37 44 15	217 44 05	+10	37 44 10	37 42 00	37 42 01	
		C	110 29 04	290 28 52	+12	110 28 58	110 26 48	110 26 52	
		D	150 14 51	330 14 43	+8	150 14 47	150 12 37	150 12 33	
		A	0 02 18	180 02 08	+10	0 02 13			
	2	A	90 03 30	270 03 22	+8	(90 03 24) 90 03 26	0 00 00		
		B	127 45 34	307 45 28	+6	127 45 31	37 42 07		
		C	200 30 24	20 30 18	+6	200 30 21	110 26 57		
		D	240 15 57	60 15 49	+8	240 15 33	150 12 29		
		A	90 03 25	270 03 18	+7	90 03 22			

(5) 计算各目标间水平角角值,将第 9 栏相邻两方向值相减即可求得,注于第 10 栏略图的相应位置。

当需要观测的方向为三个时,除不做归零观测外,其他均与三个以上方向的观测方法相同。

方向观测法的技术要求如表 3-3 所示。

表 3-3 方向观测法的技术要求

经纬仪型号	半测回归零差	一测回内 2c 互差	同一方向值各测回互差
DJ2	12″	18″	12″
DJ6	18″		24″

当一测站的待测方向数不超过三个时可用方向观测法;全圆方向观测法,则需进行归零观测。当一测站的待测方向数超过三个但不超过六个时可用方向观测法;当超过六个时,可将待测方向分为方向数不超过六个的若干组,分别按方向观测法进行,这种方法称分组方向观测法。但各组之间必须有两个共同的方向,且在观测结束后对各组的方向值进行平差处理,以便获得全站统一的归零方向值。

3.3.3 竖直角测量方法

竖直角是通过仪器的竖直度盘(简称竖盘)来测定的。竖直度盘垂直固定在望远镜横轴的一端,其中心在横轴的中心上。当望远镜为了寻找目标,在竖直面内上下转动时,竖盘与望远镜一起转动。竖直读数指标安置在通过竖直度盘中心的铅垂(或水平)位置上,与竖盘指标水准管固连在一起,它们不随望远镜转动而转动。在每次读数前,要转动指标水准管微动螺旋,使气泡居中,以使竖盘的指标线处于正确位置。

音频.观测水平角和竖直角的相同点与不同点.mp3

1. 竖直度盘的构造

1) 组成

竖直度盘主要由竖盘、竖盘指标水准管、指标水准管微动螺旋组成,如图 3-15 所示。

2) 特点

读数指标线固定不动,而整个竖盘随望远镜一起转动。

3) 竖盘的注记形式

(1) 顺时针注记,如图 3-16 所示。

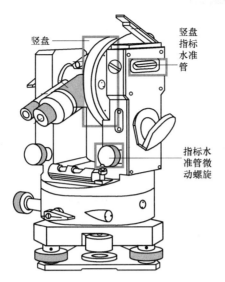

图 3-15 竖直度盘的构造

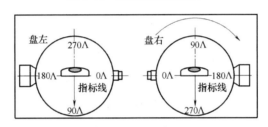

图 3-16 顺时针注记

(2) 逆时针注记,如图 3-17 所示。

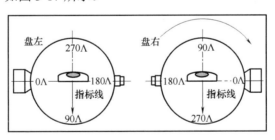

图 3-17 逆时针注记

2. 竖直角的计算方式

(1) 视线上倾时竖盘读数增加:

$$竖角=瞄准目标时读数-视线水平时读数 \tag{3-5}$$

(2) 视线上倾时竖盘读数减少:

$$竖角=视线水平时读数-瞄准目标时读数 \tag{3-6}$$

3. 竖盘指标差

由于指标线偏移,当视线水平时,竖盘读数不是恰好等于 90°或 270°,而是与 90°

或270°相差一个 x 角，称为竖盘指标差。当偏移方向与竖盘注记增加方向一致时，x 为正，反之为负。

1) 计算公式

$$x = L + R - 360°/2 \quad (3-7)$$

式中：L——左盘读数；

R——右盘读数。

对于顺时针注记的正确的竖直角为：

$$\alpha = (90° + x) \cdot L = \alpha_l + x \quad (3-8)$$

$$\alpha = R - (270° + x) = a_r - x \quad (3-9)$$

2) 产生的原因

(1) 竖轴不铅垂。

(2) 望远镜视准轴不水平。

(3) 垂直度盘固定位置不对或松动导致较大偏心。

(4) 运输或使用中的强烈振动而引起竖直度盘或其他光学零件位移。

(5) 固定光学零件的部件老化或螺钉应力变形而引起光路漂移。

(6) 测微器行差过大也对指标差的判断有一定的影响。

(7) 照准部旋转正确性(不带自动补偿器的仪器影响较大)不合格或仪器水准器不准确。

(8) 自动补偿器失灵、偏摆或补偿误差过大等。

3) 检查方法

(1) 将仪器安置在稳定的检定装置四维工作台上，精密、整平后开机。

(2) 用望远镜分别在正镜和倒镜位置瞄准垂直角为±10°左右的平行光管分划板，固定望远镜和照准部的制动螺旋，读取正镜读数；松开照准部和望远镜制动螺旋，调转望远镜和旋转照准部 180°，仍对准原目标，同前法再读取倒镜读数；若正镜读数+倒镜读数=360°，即表示竖盘无指标差；若不等于360°，则证明存在竖盘指标差。

(3) 指标差计算方法同上。

(4) 如果指标差小于 15″，则无须调整；如果大于 15″，则需进行调整。

4) 调整方法

调整指标差通常有三种方法。

(1) 调整指标水准器(不带自动补偿器的 J6 及以下系列)。通过正倒镜的反复调整可使误差很容易达到合格范围，且调整幅度较大。

(2) 调整望远镜分划板的横丝。这种方法调整幅度极小，仅有十几秒的范围，并只适用于在水平与垂直方向用四个螺钉固定目镜的仪器，且调整时还会影响望远镜的调焦运行误差。因此，采用此法调整之后还必须检定望远镜的调焦运行误差，使二者处于一个最佳的兼顾状态。

(3) 利用专门设置的调整机构进行调整。自动安平的 TDJ6 和 TDJ2 光学经纬仪就是在垂直光路中设置了专用的指标差调整机构。其工作原理就是在垂直光路中加装了一块小平板，转动小平板就可以移动垂直度盘的刻划线像，实现指标差的调整。这种方法方便简单，缺点是调整范围有限，只有±2′。

【案例 3-1】 J2-2 光学经纬仪适用于工程测量、工业及大地测量。如：三角及导线测量、精密工程测量、隧道及矿山施工测量、地籍测量、变形测量、光学工具及试验仪器、天文领域等。

请结合上文分析光学经纬仪的测量方法及注意事项。

3.4 光学经纬仪的检验和校正

为了测得正确可靠的水平角和竖角，使之达到规定的精度标准，作业开始前必须对光学经纬仪进行检验校正。

1. 光学经纬仪应满足的几何条件

由光学经纬仪的测角原理可知，要保证观测精度，光学经纬仪的主要部件之间，即主要轴线和平面之间，必须满足一定的几何条件。由图 3-18 可以看出，这些条件包括下述各点。

音频.经纬仪检校的主要内容.mp3

(1) 照准部管水准轴应与竖轴正交。
(2) 十字丝纵丝应与水平轴正交。
(3) 照准轴应与水平轴正交。
(4) 水平轴应与竖轴正交。
(5) 竖盘指标差应近于零。
(6) 竖轴应与水平度盘面正交，且过度盘中心。
(7) 水平轴应与竖盘面正交，且过度盘中心。

以上条件在仪器出厂时，除(6)、(7)两项已得到严格保证外，其他五项只是得到一定程度的满足。再者，由于长期使用及搬运等原因，某些条件还会或多或少地被破坏。因此，在作业前应查明仪器是否满足上述条件，如不满足则应调整其所设置的调整装置，使之恢复应有的几何条件，以减少其对角度测量的影响。前一项工作在测量中称为检验，后一项工作称为校正。在地形测量中，应对前五项条件依次进行检验，如不符合要求要及时校正。其检校原则与水准仪相同。

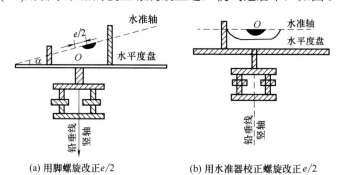

(a) 气泡居中,水准轴水平　　(b) 旋转照准部180°,气泡偏差为e

图 3-18　经纬仪应满足的几何条件

2. 经纬仪的检验与校正

在对仪器进行五项检验校正之前,应先对仪器进行一般检视,即检查一下度盘和照准部旋转是否平滑自如,各种螺旋和望远镜运转是否灵活有效,望远镜视场中有无灰尘或斑点,度盘和测微尺的分划线是否清晰,仪器附件是否齐全。然后再对仪器进行逐项检验和校正。

1) 检校目的

安置仪器后,应保证竖轴与铅垂线方向一致,即置水平度盘于水平位置。

2) 检验方法

先概略整平仪器,使管水准器与任意两个脚螺旋的连线平行,旋转脚螺旋使气泡居中,然后将照准部旋转180°,若气泡仍居中,则表示条件满足,否则应校正。

3) 校正方法

先旋转脚螺旋,改正气泡偏离格值的一半($e/2$),如图 3-19(a)所示,使竖轴处于铅垂方向。剩下的一半($e/2$)用管水准器的校正螺旋改正之,使气泡居中,如图 3-19(b)所示。

(a) 用脚螺旋改正$e/2$　　(b) 用水准器校正螺旋改正$e/2$

图 3-19　校正方法

从校正过程可以看出,管水准轴与竖轴不正交,其主要原因是管水准器两端支架高度被改变所致。

此项检验校正必须反复进行,直到照准部转到任何位置后气泡偏离值不大于 1 格时为止。检校完成后，应附带校正圆水准器。

校正时请注意：转动校正螺旋必须先松后紧，不可用力过猛；校正结束后要适当拧紧被松动过的螺旋，否则校正结果极易丧失准确性。

【案例3-2】用DJ6型光学经纬仪进行测回法测量水平角β，其观测数据记在表3-4中。

表3-4 观测数据表

测回	测站	目标	竖盘位置	读 数 ° ′ ″	半测回角值 ° ′ ″	一测回角值 ° ′ ″	平均角值 ° ′ ″	备注
1	O	A	左	00 01 06	78 48 48	78 48 39	78 48 44	
		B		78 49 54				
		A	右	180 01 36	78 48 30			
		B		258 50 06				
2	O	A	左	90 08 12	78 48 54	78 48 48		
		B		168 57 06				
		A	右	270 08 30	78 48 42			
		B		348 57 12				

试计算水平角值，并说明盘左与盘右角值之差是否符合要求？

本章小结

通过本章的学习，学生可以了解角度测量的原理和方法，角度测量的仪器与工具，光学经纬仪的观测方法，经纬仪的检验与校正方法，并掌握相关的知识点，从而举一反三，学以致用。

实训练习

一、单选题

1. 经纬仪水平度盘调平用( )。
   A. 微倾螺旋　　B. 脚螺旋　　C. 微动螺旋　　D. 轴座固定螺旋
2. 目前国产DJ6级光学经纬仪度盘分划值是( )。
   A. 1°和30′　　B. 2°和1′　　C. 30′和15′　　D. 2°和4′
3. 水平角的取值范围是( )。
   A. 0°～180°　　　　　　　　B. -90°～+90°
   C. 0°～360°　　　　　　　　D. -180°～+180°

4. DJ6 经纬仪的测量精度通常要( )DJ2 经纬仪的测量精度。
   A. 等于   B. 高于   C. 接近于   D. 低于
5. 光学经纬仪有 DJ1、DJ2、DJ6 多种型号，数字 1、2、6 表示( )中误差的值。
   A. 水平角测量一测回角度   B. 竖直方向测量一测回方向
   C. 竖直角测量一测回角度   D. 水平方向测量一测回方向
6. 地面上两相交直线的水平角是( )的夹角。
   A. 这两条直线的实际
   B. 这两条直线在水平面的投影线
   C. 这两条直线在同一竖直面上的投影
   D. 这两条直线在某一倾斜面的投影线
7. 通过经纬仪竖轴的同一竖直面内不同高度的点在水平度盘上读取的读数是( )。
   A. 点位越高，读数越大   B. 不相同
   C. 点位越高，读数越小   D. 相同
8. 当经纬仪竖轴与目标点在同一竖直面时，不同高度的水平度盘读数( )。
   A. 相等   B. 不相等   C. 有时不相等   D. 不能确定
9. 经纬仪横轴不垂直竖轴时，望远镜旋转视准面为( )。
   A. 铅垂面   B. 倾斜面   C. 竖直面   D. 水平面
10. 测水平角时，水平度盘与指标的运动关系是( )。
    A. 水平度盘不动，指标动   B. 指标不动，水平度盘动
    C. 水平度盘和指标都动   D. 指标和水平度盘都不动

二、多选题

1. 经纬仪由哪几部分组成？( )
   A. 照准部   B. 水平度盘   C. 基座
   D. 望远镜   E. 对点器
2. 经纬仪垂球对中与光学对点器对中误差应分别小于( )。
   A. 5mm   B. 4mm   C. 3mm   D. 2mm   E. 1mm
3. 经纬仪对中的基本方法有( )。
   A. 光学对点器对中   B. 垂球对中   C. 目估对中
   D. 对中杆对中   E. 其他方法对中
4. 用测回法观测水平角，可以消除( )误差。
   A. $2c$ B. 读数误差   C. 指标差
   D. 横轴误差大气折光误差   E. 对中误差
5. 方向观测法观测水平角的测站限差有( )。
   A. 归零差   B. $2c$ 误差   C. 测回差

D. 竖盘指标差　　　　　　E. 阳光照射的误差

6. 影响角度测量成果的主要误差是（　　）。
   A. 仪器误差　　　　B. 对中误差　　　　C. 目标偏误差
   D. 竖轴误差　　　　E. 温度误差

7. 光学经纬仪应满足的条件是（　　）。
   A. 视准轴应平行水准管轴　　　　B. 竖丝应垂直于横轴
   C. 水准管轴应垂直于竖轴　　　　D. 视准轴垂直于横轴
   E. 横轴应垂直于竖轴

8. 用于角度测量的常用仪器有（　　）。
   A. 光学经纬仪　　　　B. 电子经纬仪　　　　C. 游标经纬仪
   D. 全站仪　　　　　　E. GPS

9. 标杆在测量上常用来（　　）。
   A. 人工定线　　　　B. 定向　　　　C. 作为目标点
   D. 初步瞄准　　　　E. 担抬工具

10. 光学经纬仪竖直度盘构造有哪几种？（　　）
    A. 天顶式顺时针　　　　B. 天顶式逆时针　　　　C. 高度式顺时针
    D. 高度式逆时针　　　　E. 翻转式顺时针

三、简答题

1. 经纬仪的检校主要有哪几项？
2. 分析水平角观测时产生误差的原因以及观测时应采取的措施。
3. 为什么角度测量要用正、倒镜观测？
4. 什么是竖盘指标差？竖盘指标水准管有何作用？如何检验校正？
5. 什么叫竖直角？如何判断和使用竖直角的计算公式？

第3章课后答案.docx

实训工作单

班级		姓名		日期	
教学项目		角度测量			
学习项目	角度测量的方法与光学经纬仪的使用		学习要求	掌握光学经纬仪的用法	
相关知识			光学经纬仪的结构、水平角测量方法、竖直角测量方法		
其他内容			经纬仪的检验与校正		
学习记录					
评语				指导老师	

第4章 距离测量与直线定向

【教学目标】

- 了解什么是钢尺量距。
- 了解视距测量。
- 熟悉直线定向的方法。
- 了解坐标方位角的推算。

第4章 距离测量与直线定向.pptx

【教学要求】

本章要点	掌握层次	相关知识点
距离测量	钢尺量距、视距测量	电磁波测距
直线定向	了解直线定向的方法、坐标方位角的推算	正、反坐标方位角的关系

距离测量与直线定向.mp4

【案例导入】

已知 A、B 两点的坐标分别为(1021.245, 2078.425)、(829.734, 1917.728)。

【问题导入】

试计算 AB 的边长及坐标方位角。

4.1 距 离 测 量

4.1.1 钢尺量距

测量距离是测量的基本工作之一,所谓距离是指两点间的水平长度。如果测得的是倾斜距离,还必须换算为水平距离。按照所用仪器、工具的不同,测量

音频.影响钢尺量距精度的主要误差.mp3

距离的方法有钢尺直接量距、光电测距仪测距和光学视距法测距等，距离测量常用的方法有量尺量距、视距测量、视差法测距和电磁波测距等。

钢尺是用薄钢片制成的带状尺，可卷入金属圆盒内,故又称钢卷尺，如图 4-1 所示。常用的钢尺宽 10mm、厚 0.4mm，长度有 20m、30m 及 50m 几种，不用时可卷放在圆形盒内或金属架上。钢尺的基本分划为厘米，在每米及每分米处有数字注记。一般钢尺在起点处 1dm 内刻有毫米分划；有的钢尺，整个尺长内都刻有毫米分划。

钢尺.docx

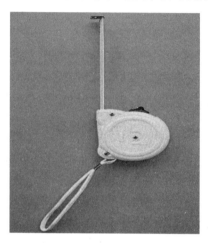

图 4-1 钢尺

由于钢尺的零点位置不同，有端点尺和刻线尺的区别，如图 4-2 所示。端点尺是以尺的最外端作为尺的零点，当从建筑物墙边开始丈量时使用很方便。刻线尺是以尺前端的一刻线作为尺的零点。

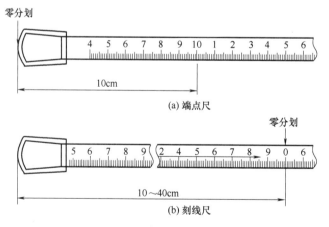

图 4-2 钢尺的分化

丈量距离的工具，除钢尺外，还有标杆、测钎和重球，如图 4-3 所示。标杆长 2~3m，直径 3~4cm，杆上涂以 20cm 间隔的红、白漆，以便远处清晰可见，用于标定直线。测钎用粗铁丝制成，用来标记所量尺段的起、终点和计算已量过的整尺段数。测钎一组为 6 根或 11 根。此外还有弹簧秤和温度计，以控制拉力和测定温度，如图 4-4 所示。

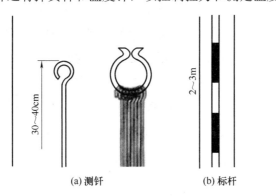

图 4-3 钢尺量距辅助工具

音频.钢尺检定的目的.mp3

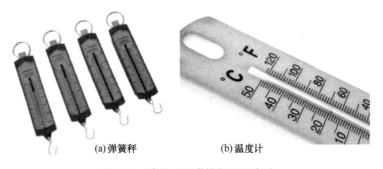

图 4-4 辅助工具弹簧秤和温度计

【案例 4-1】一条钢尺名义长度为 20m，与标准长度比较，其实际长度为 20.003m。用此钢尺进行量距时，每量一尺段会产生-0.003m 的误差。

结合上文分析导致测量误差产生的主要原因有哪些？请具体分析各种原因。

4.1.2 视距测量

视距测量是利用经纬仪、水准仪的望远镜内十字丝分划板上的视距丝在视距尺(水准尺)上读数，根据光学和几何学原理，同时测定仪器到地面点的水平距离和高差的一种方法。这种方法具有操作简便、速度快、不受地面起伏变化的影响等优点，被广泛应用于碎部测量中。但其测距精度低，为 1/300～1/200。

1. 视距测量的优点

(1) 测距速度快。

(2) 使用方便。

(3) 在长距离丈量中，可以将视距测量作为总长的检核，以防止发生大的差错。

音频.视距测量减少误差应注意到的问题.mp3

(4) 在某些特殊工程施工中，如下水管道和简易路面，可用视距测量直接控制坡度。

2. 视距测量的原理

在经纬仪、水准仪和大平板仪的望远镜内部都有视距丝装置。在十字丝平面上刻有与十字丝横丝平行的上下对称的两条短横丝，这两根短横丝即为视距丝，如图4-5所示。

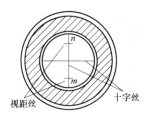

图4-5 视距丝

(1) 视线水平时的计算公式。

如图4-6所示，A、B两点间的水平距离为

$$D = Kl + C \tag{4-1}$$

式中：K——视距乘常数，通常$K=100$；

l——视距丝在水准尺上的读数之差；

C——视距加常数。

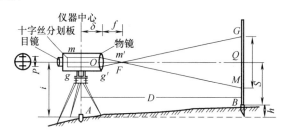

图4-6 视准轴水平时视距测量原理

式(4-1)是用外对光望远镜进行视距测量时计算水平距离的公式。对于内对光望远镜，其加常数C值接近零，可以忽略不计，故水平距离为

$$D = Kl = 100l \tag{4-2}$$

同时，由图4-6可知，A、B两点间的高差h为

$$h = i - s \tag{4-3}$$

式中：i——仪器高；

s——十字丝中丝在视距尺上的读数，即中丝读数，m。

(2) 视线倾斜时的计算公式。

如图4-7所示，在地面起伏较大的地区进行视距测量时，必须使望远镜视线处于倾斜位置才能瞄准尺子。此时，视线便不垂直于竖立的视距尺面，因此式(4-2)和式(4-3)不适用。

下面介绍视线倾斜时的水平距离和高差的计算公式。

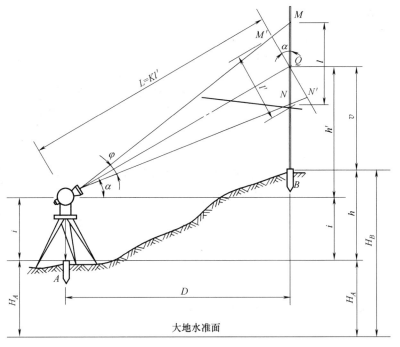

图 4-7　视线倾斜时的视距测量原理

如图 4-7 所示，A、B 两点间的水平距离为

$$D = L\cos\alpha = Kl\cos^2\alpha \tag{4-4}$$

式中：D——A、B 两点间的水平距离；

L——M 点和仪器之间的距离；

α——视线倾斜时的竖直角。

式(4-4)为视线倾斜时水平距离的计算公式。

由图 4-7 可以看出，A、B 两点间的高差 h 为

$$h = D\tan\alpha + i - v \tag{4-5}$$

式中：D——A、B 两点间的水平距离；

α——视线倾斜时的竖直角；

i——仪器高；

v——十字丝中丝在视距尺上的读数，即中丝读数，m。

所以

$$h = \frac{1}{2}Kl\sin(2\alpha) + i - v \tag{4-6}$$

式中：K——视距乘常数；

l——上、下视距丝在标尺上的读数之差；

α ——视线倾斜时的竖直角；

i ——仪器高；

v ——十字丝中丝在视距尺上的读数，即中丝读数，m。

式(4-6)为视线倾斜时高差的计算公式。

4.1.3 电磁波测距

1. 概述

电磁波测距是用电磁波(光波或微波)作为载波传输测距信号，以测量两点间距离的一种方法。与传统的钢尺量距和视距测量相比，电磁波测距具有测程长、精度高、作业快、工作强度低、几乎不受地形限制等优点。电磁波测距简称为EDM。

测距原理.docx

2. 测距原理

电磁波测距有两种方法：脉冲测距法和相位测距法。

1) 脉冲测距法

由测线一端的仪器发射的光脉冲的一部分直接由仪器内部进入接收光电器件，作为参考脉冲；其余发射出去的光脉冲经过测线另一端的反射镜反射回来之后，也进入接收光电器件。测量参考脉冲与反射脉冲相隔的时间 t，即可由下式求出距离 D：

$$M_s = C + D + T = \frac{1+h+t}{r_d + tr_t + h} B \tag{4-7}$$

$$m = \frac{1+h+t}{r_d + tr + h_t} \tag{4-8}$$

式中：C 为光速。目前卫星大地测量中用于测量月球和人造卫星的激光测距仪，都采用脉冲测距法。

2) 相位测距法

用高频电流调制后的光波或微波从测线一端发射出去，由另一端返回后，用鉴相器测量发射波与回波之间的相位差。电磁波往返经历的时间为 t：

$$M_s = C + D + T = \frac{1+h+t}{r_d + tr_t + e + h} B \tag{4-9}$$

$$m = \frac{1+h+t}{r_d + tr_t + e + h} \tag{4-10}$$

时间 t 的单位为整周数，用 n 表示。将 t 代入上列脉冲测距法的公式中，即可求出距离 D，式中 r 是已知的调制波波长相当于测量距离的尺子的长度，n 相当于测程上的整尺数，

是不足一个测尺长的尾数。

为了确定整尺数 n，通常多采用可变频率法和多级固定频率法。前者是使测距仪的调制频率在一定范围内连续变化，这就相当于连续改变测尺长度，使它恰好能量尽待测距离。测距时，逐次调变频率，使不足整尺的尾数等于零。根据出现零的次数和相应的频率值，就可以确定整测尺数 n。当采用多级固定频率法时，相当于采用几根不同长度的测尺丈量同一距离。根据用不同频率所测得的相位差，就可以解出整周数 n，从而求得距离 D。

相位差除了用鉴相器测量之外，还可采用可变光路法，即用仪器内部的光学系统改变接收信号的光程，使该信号延迟一段时间。电子仪表指示发射信号与接收信号相位相同时，直接在刻划尺上读出尾数。此外，还可以用延迟电路来改变接收信号的相位，由该电路调整控制器上的分划，读出尾数。

3. 分类

电磁波测距仪根据载波为光波或微波的不同而有光电测距仪和微波测距仪之分。前者又因光源和电子部件的改进，发展成为激光测距仪和红外测距仪。

利用电磁波作为测距的载波运载测距信号，实现精密测距的技术，也称物理测距。电磁波包括无线电波、红外线和可见光。

电磁波测距仪可分为脉冲式和相位式两大类。脉冲式测距仪可直接测定脉冲主波(发射波)与回波(由目标反射回来的波)在待测距离两端点之间的传播时间，按一定公式计算得到目标点的距离。这类测距仪的测程较长，显示结果速度快，但精度较低。相位式测距仪测定连续测距信号的发射波与回波之间的相位差，从而间接求得传播时间，再按一定公式决定到目标点的距离。相位式测距仪能测的距离相对较短而精度较高，能达到厘米甚至毫米级精度。不论哪种测距仪，与传统测距方法相比，均具有工效高、作业简便、适应范围广的优点。

微波测距仪、激光测距仪、红外测距仪和多载波测距仪均属于相位式测距仪。激光人造卫星测距仪和激光地形测距仪则属于脉冲式测距仪。在水利工程测量中，测距为 2km 或 5km 的中短程红外测距仪已得到广泛有效的应用。短程精密激光测距仪在大坝变形观测中亦已发挥重要作用。微波测距自动定位系统已在大面积水下地形测量中成功运用。

近年来，中短程激光—红外测距仪的发展十分迅速，已出现整体式或组合式的"全站式电子速测仪"等电子化、自动化程度较高的新型测距仪，它将电子经纬仪、激光—红外测距仪、记录器、计算器甚至打印器融为一体或组成一体，可以将所测点编号、水平角值、垂直角值、斜距以及归算后的平距、高差、坐标等按指令自动记录在盒式磁带上，或打印、穿孔，再经过以微型电子计算机为中心的一套设备加以处理，按需要建立数字地面模型，绘制线划地形图或输出所要的数据，为工程测量的现代化开辟了新的途径。

4. 测量仪器

1) 光电测距仪

早期的光电测距仪采用电子管线路，以白炽灯或高压水银灯作为光源，体型大，测程较短，而且只能在夜间观测。20世纪60年代末出现了以氦氖激光器作光源、采用晶体管线路的激光测距仪，主机重量约20kg，测程可达60km，而且日夜都可以观测，测距精度约为±(5mm+1×10D)。20世纪70年代出现了通过双载波测距、自动改正大气折射影响的激光测距仪，测距精度又有了进一步的提高。1979年更是出现了三波长测距仪，使测距精度达到了千万分之一。

在发展激光测距仪的同时，20世纪60年代中期出现了以砷化镓管作为光源的红外测距仪。它的优点是体型小，发光效率高；更由于微型计算机和大规模集成电路的应用，再与电子经纬仪结合，于是形成了具备测距、测角、记录、计算等多功能的测量系统，有人称之为电子全站仪或电子速测仪。目前这种仪器的型号很多，测程一般可达5km，有的更长，测距精度为±(5mm+3×10D)，广泛用于城市测量、工程测量和地形测量。

光电测距仪.docx

2) 微波测距仪

该种测距仪的原理是将测距频率调制在载波上，由主台发射出去，经副台接收和转送回来之后，测量调制波的相位。确定测线上整周期数和相位差的原理与光电测距相同。早期的微波测距仪为了测定相位差，使发射的调制波在阴极射线管上产生一个圆形扫迹；返回信号则变换成为脉冲，它使圆形扫迹产生一个缺口，其位置表示发射信号与返回信号的相位差。以后改用移相平衡原理测定相位差。从1956年到20世纪70年代中期，微波测距仪有了重大改进。它经历了电子管、晶体管和集成电路三个阶段，重量减轻，体积缩小，耗电量下降，并提高载波频率以缩小波束角，提高调制频率使测距读数更为精确。此外，它还有测程远、精度高并且可以全天候作业等优点，因此是一种很方便的测距仪器。但因它的波束角比光电测距仪更大，多路径效应严重，地表和地物的反射波使接收波的组成极为复杂，而又无法区分，给观测结果带来了误差。此外，大气湿度对微波测距的影响也相当大，而在野外湿度又难以测定。因此，微波测距的精度低于光电测距。

微波测距仪.docx

【案例4-2】自电磁波测距仪于20世纪50年代出现后，导线测量受到了重视。用电磁波测距仪测定距离，所受地形限定较小，作业迅速，精度随着仪器的精益求精而越来越高。因此，电磁波导线测量得到日益广泛的应用，有逐渐取代三角测量之势。20世纪60年代初，中国利用电磁波测距仪在自然条件极其困难的青藏高原实施了精密导线测量，构成了包括10个闭合环的导线网。

请结合上文分析电磁波测距的重要性及发展前景。

4.2 直线定向

测量上的所谓直线，是指两点间的连线。直线定向就是确定直线的方向。确定直线的方向是为了确定点的坐标(平面位置)。

4.2.1 直线定向的方法

测定直线与标准方向线(基本方向线)间的水平角度的工作称为直线定向，如图4-8所示。

测量工作中，常采用方位角表示直线的方向。从直线起点的标准方向北端起，顺时针方向量至该直线的水平夹角，称为该直线的方位角。

方位角的取值范围是 0°～360°。因标准方向有真子午线方向、磁子午线方向和坐标纵轴方向之分，对应的方位角分别称为真方位角(用 A 表示)、磁方位角(用 A_m 表示)和坐标方位角(用 α 表示)。

直线定向原理.docx

因标准方向选择的不同，所以一条直线有不同的方位角，如图4-9所示。过1点的真子午线方向与磁子午线方向之间的夹角称为磁偏角，用δ表示。过1点的真子午线方向与坐标纵轴北方向之间的夹角称为子午线收敛角，用γ表示。

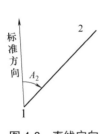

图4-8 直线定向

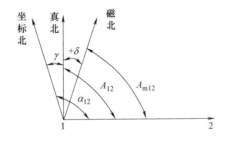

图4-9 三种方位角之间的关系

δ和γ的符号规定相同：当磁子午线方向或坐标纵轴北方向在真子午线方向东侧时，δ和γ的符号为"+"；当磁子午线方向或坐标纵轴北方向在真子午线方向西侧时，δ和γ的符号为"−"。同一直线的三种方位角之间的关系为：

$$A = A_m + \delta \tag{4-11}$$

$$A = \alpha + \gamma \tag{4-12}$$

$$\alpha = A_m + \delta - \gamma \tag{4-13}$$

4.2.2 标准方向的种类

标准方向有三种。

1) 真子午线方向(真北)

通过地球表面某点的真子午线的切线方向，称为该点的真子午线方向。真子午线方向可用天文测量方法或陀螺仪测定。

2) 磁子午线方向(磁北)

磁子午线方向是在地球磁场的作用下，磁针在某点自由静止时其轴线所指的方向。磁子午线方向可用罗盘仪测定。

3) 坐标纵轴方向(坐标北)

在高斯平面直角坐标系中，坐标纵轴方向就是地面点所在投影带的中央子午线方向。在同一投影带内，各点的坐标纵轴方向是彼此平行的。

4.2.3 坐标方位角的推算

坐标方位角是平面直角坐标系中某一直线与坐标主轴(X轴)之间的夹角，从主轴起算，顺时针方向自0°～360°。

1. 正、反坐标方位角

如图4-10所示，以 A 为起点、B 为终点的线段 AB 的坐标方位角 α_{AB}，称为直线 AB 的正坐标方位角，而直线 BA 的坐标方位角 α_{BA} 称为直线 AB 的反坐标方位角。

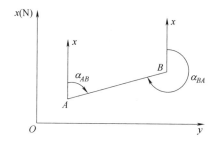

图4-10　正、反坐标方位角

2. 坐标方位角的推算

在实际工作中并不需要测定每条直线的坐标方位角，而是通过与已知坐标方位角的直线联测后，推算出各直线的坐标方位角。如图4-11所示，已知直线12的坐标方位角 α_{12}，观测了水平角 β_2 和 β_3，要求推算直线23和直线34的坐标方位角。

由图4-11可以看出：

$$\alpha_{23} = \alpha_{21} - \beta_2 = \alpha_{12} + 180° - \beta_2 \tag{4-14}$$

$$\alpha_{34} = \alpha_{32} - \beta_3 = \alpha_{23} + 180° - \beta_3 \tag{4-15}$$

因 β_2 在推算路线前进方向的右侧，该转折角称为右角；β_3 在左侧，称为左角。从而可

推算坐标方位角的一般公式为

$$\alpha_{前} = \alpha_{后} + 180° + \beta_{左} \qquad (4\text{-}16)$$

$$\alpha_{前} = \alpha_{后} + 180° - \beta_{右} \qquad (4\text{-}17)$$

计算中，如果 $\alpha_{前} > 360°$，则自动减去 $360°$；如果 $\alpha_{前} < 0°$，则自动加上 $360°$。

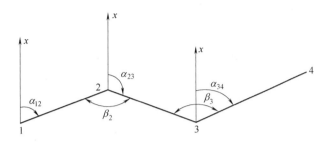

图 4-11 坐标方位角的推算

【案例 4-3】用钢尺往、返丈量一段距离，其平均值为 167.38m，如果要求量距的相对误差为 1/1500，那么往、返丈量这段距离的绝对误差不能超过多少？

4.2.4 正、反坐标方位角的关系

以 A 为起点、B 为终点的直线 AB 的坐标方位角 α_{AB}，称为直线 AB 的正坐标方位角。而直线 BA 的坐标方位角 α_{BA}，称为直线 AB 的反坐标方位角。由图 4-10 可以看出正、反坐标方位角间的关系为

$$\alpha_{AB} = \alpha_{BA} + 180° \text{ 或 } \alpha_{正} = \alpha_{反} + 180° \qquad (4\text{-}18)$$

本章小结

通过学习本章的内容，学生可以了解什么是钢尺量距、视距测量，熟悉直线定向的方法，了解坐标方位角的推算。可以对建筑测量有一个基本的认识，为以后继续学习建筑测量相关知识奠定基础。

实训练习

一、单选题

1. 一钢尺名义长度为 30m，与标准长度比较得到实际长度为 30.015m，则用其钢尺量得两点间的距离为 64.780m，该距离的实际长度是（　　）。

  A．64.748m   B．64.812m   C．64.821m   D．64.784m

2. 用经纬仪进行视距测量，已知 $K=100$，视距间隔为 0.25，竖直角为 $+2°45'$，则水平距离的值为(　　)。

  A. 25.09m　　B. 24.94m　　C. 25.00m　　D. 25.06m

3. 确定直线与(　　)之间夹角关系的工作称为直线定向。

  A. 标准方向线　　B. 东西方向线　　C. 水平线　　D. 基准线

4. 坐标方位角的取值范围为(　　)。

  A. 0°～27°　　B. -90°～90°　　C. 0°～360°　　D. -180°～180°

5. 坐标方位角是以(　　)为标准方向，顺时针转到测线的夹角。

  A. 真子午线方向　　　　　　B. 磁子午线方向

  C. 坐标纵轴方向　　　　　　D. 以上都不是

二、多选题

1. 钢尺按照起点刻线位置可分为(　　)。

  A. 50m　　　　　　B. 30m　　　　　　C. 端点尺

  D. 刻划尺　　　　E. 厘米分划尺

2. 钢尺量距的辅助工具有哪些？(　　)

  A. 标杆　　　　　　B. 垂球　　　　　　C. 弹簧秤

  D. 温度计　　　　E. 测钎

3. 根据量距精度要求不同，量距一般可分为(　　)。

  A. 直接量距　　　　B. 间接量距　　　　C. 一般方法量距

  D. 视距　　　　　　E. 精密量距

4. 倾斜地面丈量的方法有(　　)。

  A. 平量法　　B. 视距法　　C. 斜量法　　D. 三角法　　E. 旋转法

5. 钢尺精密量距中要得到尺段实长需进行改正的项目是(　　)。

  A. 定向改正　　　　B. 尺长改正　　　　C. 丈量改正

  D. 温度改正　　　　E. 倾斜改正

三、简答题

1. 为什么要进行直线定线？直线定线的方法有哪几种？如何进行？

2. 钢尺量距的误差主要有哪几种？为减少误差的影响，应采取哪些措施？

3. 影响钢尺量距精度的因素有哪些？如何消除或减弱这些因素的影响？

第4章课后答案.docx

实训工作单一

班级		姓名		日期	
教学项目		现场测量距离			
任务		用不同方法测量距离		工具	钢尺、视距、电磁波
其他项目					
过程记录					
评语				指导老师	

实训工作单二

班级		姓名		日期	
教学项目		现场直线定向及坐标方位推算			
任务	掌握定向方法及坐标方位推算		工具	现场实践或通过相关书籍学习	
其他项目					
过程记录					
评语				指导老师	

第 5 章　测量误差及测量平差

【教学目标】

- 掌握测量误差。
- 熟悉测量平差。

【教学要求】

第 5 章　测量误差及测量平差.pptx

本章要点	掌握层次	相关知识点
测量误差	1. 熟悉测量误差的概念 2. 掌握衡量精度的标准 3. 掌握算术平均值	测量的相关概念
测量平差	熟悉测量平差	测量平差的相关内容

【案例导入】

英国伦敦西门子"水晶大厦"是一座会议中心,也是一座展览馆,更是向公众展示未来城市及基础设施先进理念的一个窗口。正如它的形状像"水晶"一样,未来城市的多面将在此放射出夺目的光彩。

除了惊人的结构设计,"水晶大厦"还是人类有史以来最环保的建筑之一。"水晶大厦"本身也为未来城市提供了样本,它占地逾 6300m^2,却是高能效的典范。与同类办公楼相比,它可节电 50%,减少二氧化碳排放 65%,供热与制冷的需求全部来自可再生能源。该建筑使用自然光线,白天自然光的利用完全。

【问题导入】

请结合自身所学的相关知识,试根据本案的相关背景,简述当时建造西门子"水晶大厦"是怎样控制误差的。

5.1 测量误差

5.1.1 测量误差的概念

在测量时,测量结果与真实值之间的差值叫误差。真实值或称真值是客观存在的,是在一定时间及空间条件下事物的真实数值,但很难确切表达。测得值是测量所得的结果。这两者之间总是或多或少地存在一定的差异,就是测量误差。

1. 误差来源

测量工作是在一定条件下进行的,外界环境、观测者的技术水平和仪器本身构造的不完善等原因,都可能导致测量误差的产生。通常把测量仪器、观测者的技术水平和外界环境三个方面综合起来,称为观测条件。观测条件不理想和不断变化,是产生测量误差的根本原因。通常把观测条件相同的各次观测,称为等精度观测;观测条件不同的各次观测,称为不等精度观测。

标靶棱镜与切口和盾尾中心的相对位置图.docx

测量误差.mp4

具体来说,测量误差主要来自以下四个方面。

(1) 外界条件主要指观测环境中气温、气压、空气湿度和清晰度、风力以及大气折光等因素的不断变化,导致测量结果产生误差。

(2) 仪器条件是指仪器在加工和装配等工艺过程中,不能保证仪器的结构满足各种几何关系,这样的仪器必然会使测量产生误差。

(3) 方法理论公式的近似限制或测量方法的不完善。

(4) 观测者的自身条件是指由于观测者感官鉴别能力所限以及技术熟练程度不同,也会在仪器对中、整平和瞄准等方面产生误差。

测量误差按其对测量结果影响的性质不同,可分为系统误差和偶然误差。

【案例 5-1】北京天坛地处北京,在原北京外城的东南部,位于故宫正南偏东、正阳门外东侧,始建于明朝永乐十八年(1420 年)。总面积为 273 公顷,是明清两代帝王用以"祭天""祈谷"的建筑。1961 年,国务院宣布天坛为"全国重点文物保护单位"。1998 年,天坛被联合国教科文组织确认为"世界文化遗产"。2009 年,北京天坛入选中国世界纪录协会中国现存最大的皇帝祭天建筑。

请结合自身所学的相关知识,试根据本案的相关背景,简述测量过程中存在哪些误差。

2. 基本分类

1) 物理实验中的测量

在物理实验中,对于待测物理量的测量可分为两类:直接测量和间接测量。

直接测量是用测量仪器和待测量进行比较,直接得到结果。例如用刻度尺、游标卡尺、停表、天平、直流电流表等进行的测量就是直接测量。

间接测量则是指不能直接用测量仪器把待测量的大小测出来,而要依据待测量与某几个直接测量量的函数关系求出待测量。例如,对于重力加速度,可通过测量单摆的摆长和周期,再由单摆周期公式算出,这种类型的测量就是间接测量。

(1) 按照误差的表示方式区分。

误差按照表示方式区分,可分为绝对误差、相对误差和引用误差三种。

① 绝对误差是指被测量的测得值与其真值之差。即:

$$绝对误差=测得值-真值$$

绝对误差与测得值具有同一量纲。与绝对误差大小相等、符号相反的量称为修正值,即修正值=-绝对误差=真值-测得值,由此可知,含有误差的测得值加上修正值后就可消除误差的影响。

② 相对误差是绝对误差与被测量真值之比的百分率,即

$$相对误差=绝对误差/被测量真值\times 100\%$$

相对误差可以比较确切地反映测量的准确程度。例如,用两台频率计数器测量准确频率分别为 $f_1=1000Hz$ 和 $f_2=1000000Hz$ 的信号源,其绝对误差分别为 $\Delta f_1=1Hz$ 和 $\Delta f_2=10Hz$。尽管 Δf_2 大于 Δf_1,但并不能因此而得出对 f_1 的测量较 f_2 准确的结论。经计算,测量 f_1 的相对误差为 0.1%,而测量 f_2 的相对误差为 0.001%,后者的测量准确程度高于前者。

相对误差又叫相对真误差。

③ 引用误差是一种简化的和实用的相对误差,常在多挡量程和连续分度的仪器、仪表中应用。在这类仪器、仪表中,为了计算和划分仪表准确度等级的方便,一律取该仪器的量程或测量范围上限值作为计算相对误差的分母,并将其结果称为引用误差。例如,常用的电工仪表分为±0.1、±0.2、±0.5、±1.0、±1.5、±2.5 和±5.0 七级,就是用引用误差表示的,如±1.0 级,表示引用误差不超过 1.0%。

(2) 按性质和特点区分。

误差按性质和特点区分,可分为系统误差、随机误差和粗大误差三大类。

① 系统误差:在相同条件下多次测量同一量时,误差的符号保持恒定,或在条件改变时按某种确定规律而变化的误差。所谓确定的规律,意思是这种误差可以归结为某一个因素或几个因素的函数,一般可用解析公式、曲线或数表来表达。

造成系统误差的原因很多，常见的有测量设备的缺陷，测量仪器不准，测量仪表的安装、放置和使用不当等引起的误差；测量环境变化，如温度、湿度、电源电压变化、周围电磁场的影响等带来的误差；测量方法不完善，所依据的理论不严密或采用了某些近似公式等造成的误差。系统误差具有一定的规律性，可以根据系统误差产生的原因采取一定的技术措施，设法消除或减弱它。

② 随机误差：在相同条件下，多次测量同一量时，误差的绝对值和符号以不可预测的方式变化的误差。随机误差主要是由那些对测量值影响微小，又互不相关的多种随机因素共同造成的，例如热骚动、噪声干扰、电磁场的微变、空气扰动、大地微震等。一次测量的随机误差没有规律，不可预测，不能控制也不能用实验的方法加以消除。但是，随机误差在足够多次测量的总体上服从统计的规律。

随机误差的特点是：在多次测量中，随机误差的绝对值实际上不会超过一定的界线，即随机误差具有有界性；众多随机误差之和有正负相消的机会，随着测量次数的增加，随机误差的算术平均值愈来愈小并以零为极限。因此，多次测量的平均值的随机误差比单个测量值的随机误差小，即随机误差具有抵偿性。

由于随机误差的变化不能预测，因此，这类误差也不能修正，但是，可以通过多次测量取平均值的办法来削弱随机误差对测量结果的影响。

③ 粗大误差：超出在规定条件下预期的误差叫粗大误差。也就是说，在一定的测量条件下，测量结果明显地偏离了真值。读数错误、测量方法错误、测量仪器有严重缺陷等原因，都会导致产生粗大误差。粗大误差明显地歪曲了测量结果，应予剔除，所以，对应于粗大误差的测量结果被称为异常数据或坏值。

所以，在进行误差分析时，要估计的误差通常只有系统误差和随机误差两类。

2) 测量误差的计算特点

设被测量的真值为 N'，测得值为 N，则测量误差 $\Delta N'$ 为

$$\Delta N' = N - N'$$

在相同的观测条件下，对某量进行了 n 次观测，如果误差出现的大小和符号均相同或按一定的规律发生变化，这种误差可称为系统误差。系统误差一般具有累积性。

系统误差产生的主要原因之一，是仪器设备制造不完善。例如，用一把名义长度为 50m 的钢尺去量距，经检定，钢尺的实际长度为 50.005m，则每测量一次，就带有 +0.005m 的误差（"+"表示在所量距离值中应加上），丈量的尺段越多，所产生的误差越大。所以这种误差与所丈量的距离成正比。

再如，在水准测量时，当视准轴与水准管轴不平行而产生夹角时，对水准尺的读数所产生的误差为 $l \times i''/\rho''$（$\rho'' = 206265''$，是一弧度对应的秒值），它与水准仪至水准尺之间的距离 l 成正比，所以这种误差会按某种规律发生变化。

系统误差具有明显的规律性和累积性，对测量结果的影响很大。由于系统误差的大小和符号有一定的规律，所以可以采取措施加以消除或减少其影响。

在相同的观测条件下，对某量进行了 n 次观测，如果误差出现的大小和符号均不一定，则这种误差可称为偶然误差，又可称为随机误差。例如，用经纬仪测角时的照准误差，钢尺量距时的读数误差等，都属于偶然误差。

偶然误差，就其个别值而言，在观测前确实不能预知其出现的大小和符号。但若在一定的观测条件下，对某量进行多次观测，误差值呈现出一定的规律性，称为统计规律。随着观测次数的增加，偶然误差的规律性表现得更加明显。

(1) 偶然误差具有以下四个特征。

① 在一定的观测条件下，偶然误差的绝对值不会超过一定的限值。

② 绝对值小的误差比绝对值大的误差出现的机会多(或概率大)。

③ 绝对值相等的正、负误差出现的机会相等。

④ 在相同条件下，同一量的等精度观测，其偶然误差的算术平均值，随着观测次数的无限增大而趋于零。

偶然误差正态分布曲线.docx

音频.偶然误差的特征.mp3

在一定的测量条件下，超出规定条件下预期的误差称为粗大误差，一般可给定一个显著性的标准，按一定条件分布来确定一个临界值，凡是超出临界值的值，就是粗大误差，它又叫作粗误差或寄生误差。

(2) 产生粗大误差的主要原因如下。

① 客观原因：电压突变、机械冲击、外界震动、电磁(静电)干扰、仪器故障等引起测试仪器的测量值异常或被测物品的位置相对移动，从而产生了粗大误差。

② 主观原因：使用了有缺陷的量具；操作时疏忽大意；读数、记录、计算错误等。另外，环境条件的反常突变因素也是产生这些误差的原因。

粗大误差不具有抵偿性，它存在于一切科学实验中，不能被彻底消除，只能在一定程度上减弱。它是异常值，严重歪曲了实际情况，所以在处理数据时应将其剔除，否则将对标准差、平均差产生严重的影响。

3) 测量误差

克里金方法有三种形式：普通克里金法、简单克里金法和泛克里金法。使用测量误差模型，当同一位置可能具有多个不同的观测值时，就会出现测量误差。例如，有时需要从地面或空中提取样本，然后将该样本拆分为多个要测量的子样本。如果测量样本的仪器存在差异，则可能需要执行此操作。再如，可能会将土壤样本的子样本送往不同的实验室进行分析。有时，仪器在准确性方面的变化可能已经被证实。这个时候，可能需要向模型中

输入已知的测量变化。

测量误差模型:

$$Z(s) = \mu(s) + \varepsilon(s) + \delta(s) \tag{5-1}$$

其中,$\delta(s)$ 为测量误差,$\mu(s)$ 和 $\varepsilon(s)$ 为平均变化和随机变化。在此模型中,块金效应等于方差 $\varepsilon(s)$(称为微刻度变化)加上方差 $\delta(s)$(称作测量误差)。在其中,可将部分被估计块金效应指定为微刻度变化和测量变化,如果每个 Geostatistical Analyst 位置都具有多个测量值,则可使用 Geostatistical Analyst 来估计测量误差,或者输入一个值作为测量变化。当不存在测量误差时,克里金法是一个精确插值器,这意味着,如果在某个已采集数据的位置进行预测,那么预测值将与测量值相同。但是,如果存在测量误差,可能希望预测过滤值 $\mu(s_0) + \varepsilon(s_0)$,该值不具有测量误差项。在已采集数据的位置,过滤值与测量值不同。

在先前版本的 ArcGIS 中,默认的测量变化为 0%,因此克里金法默认为精确的插值器。在 ArcGIS10 中,默认的测量变化被设置为 100%,因此将基于附近位置处数据和测量值的空间相关性对测量位置进行默认预测。很多因素都会造成测量误差,包括测量仪器、位置和数据集成的不确定性。实际上,绝对精确的数据是极其罕见的。

4) 误差影响

除了被测的量以外,凡是对测量结果有影响的量,即测量系统输入信号中的非信息性参量,都可称为影响量。电子测量中的影响量较多而且较为复杂,影响常不可忽略。环境温度和湿度、电源电压的起伏和电磁干扰等,是外界影响量的典型例子。噪声、非线性特性和漂移等,是内部影响量的典型例子。影响量往往随时间变化,而且这种变化通常具有非平稳随机过渡的性质。不过,这种非平稳性大都表现为数学期望的慢变化。此外,在测量仪器中,若某个工作特性会影响到另一工作特性,则称前者为影响特性。影响特性也能导致测量误差。例如,交流电压表中检波器的检波特性,对测量不同波形和不同频率的电压会产生不同的测量误差。

在电子测量和计量中,上述各种情况都较为明显,而且许多随机性系统误差的概率密度分布是非正态的(如截尾正态分布、矩形均匀分布、辛普森三角形分布、梯形分布、M 形分布、U 形分布和瑞利分布等),甚至是分布律不明的。这些都给电子测量误差的处理和估计带来了许多特殊困难。

5) 误差处理

随机误差处理的基本方法是概率统计方法。处理的前提是系统误差可以忽略不计,或者其影响事先已被排除或事后肯定可予以排除。一般认为,随机误差是无数未知因素对测量产生影响的结果,所以是正态分布的,这是概率论的中心极限定理的必然结果。

减小误差的方法如下。

(1) 选用精密的测量仪器。

(2) 多次测量取平均值。

5.1.2 衡量精度的标准

在等精度的观测条件下，若偶然误差较集中于零附近，可以认为其误差分布的离散度小，表明该组观测质量较好，也就是观测精度高；反之就可以认为其误差分布离散度大。表明该组观测质量较差，也就是观测精度低。所谓精度，就是指误差分布的离散程度。衡量离散程度的大小，可用精度来衡量，衡量精度的指标有多种，其中常用的有以下几种。

音频.衡量误差精度的指标.mp3

1. 中误差

为了统一衡量在一定观测条件下观测结果的精度，取标准差 σ 作为依据是比较合适的。不同的量对应着不同形状的分布曲线，σ 越小，曲线越陡；σ 越大，曲线越缓。σ 的大小能反映精度的高低，故应用标准差来衡量精度的高低。但是，在实际测量工作中，不可能对某一量做无穷多次观测，因此，定义按有限次数观测值的真误差求得的标准差的估值为"中误差"m，即：

$$m = \pm\sqrt{\frac{\Delta_1^2 + \Delta_2^2 + \cdots + \Delta_n^2}{n}} = \pm\sqrt{\frac{[\Delta\Delta]}{n}} \tag{5-2}$$

例如，对 10 个三角形的内角进行两组观测，根据两组观测值中的偶然误差(三角形的角度闭合差)，求得中误差，详见表 5-1。

表 5-1 观测值及其真误差

次 序	第一组观测			第二组观测		
	观测值 L	真误差 $\Delta(")$	Δ^2	观测值 L	真误差 $\Delta(")$	Δ^2
1	180°00′00″	−3	9	180°00′00″	0	0
2	179°59′59″	−2	4	179°59′59″	+1	1
3	180°00′07″	+2	4	180°00′07″	−7	49
4	180°00′07″	+4	16	180°00′07″	−2	4
5	180°00′01″	−1	1	180°00′01″	−1	1
6	179°59′59″	0	0	179°59′59″	+1	1
7	179°59′52″	−4	16	179°59′52″	+8	64
8	180°00′00″	+3	9	180°00′00″	0	0
9	179°59′57″	+2	4	179°59′57″	+3	9

续表

次 序	第一组观测			第二组观测		
	观测值 L	真误差 $\Delta('')$	Δ^2	观测值 L	真误差 $\Delta('')$	Δ^2
10	180°00′01″	−3	9	180°00′01″	−1	1
Σ		24	72		24	130
中误差	$m_1 = \pm\sqrt{\dfrac{\Sigma\Delta^2}{10}} = \pm 2.7''$			$m_2 = \pm\sqrt{\dfrac{\Sigma\Delta^2}{10}} = \pm 3.6''$		

由此可见，第二组观测值的中误差 m_2 大于第一组观测值的中误差 m_1，因此，第二组观测值相对来说精度较低。

2. 用观测值的改正值计算中误差

观测值的精度理想的是以标准差 σ 来衡量，由于在实际工作中不可能对某一量进行多次观测，因此，只能根据有限次观测用估算中误差 m 来衡量其精度。而在实际工作中，观测值的真值 x 往往是不知道的，真误差也就无法求得，此时，就不可能用式(5-2)求中误差。在同样的观测条件下对某一量进行 n 次观测，可以求其算术平均值 $\bar{x}$ 作为最终值来代替真值，也可以算得各个观测值的改正值 v_i；并且还知道，$\bar{x}$ 在观测次数无限增多时将趋近于真值 X，因此对于有限的观测次数，以 $\bar{x}$ 代替 X 即相应于改正值 v_i 代替真误差 Δ_i。参照式(5-2)，得到按观测值的改正值计算观测值的中误差的公式为

$$m = \pm\sqrt{\frac{[vv]}{n-1}} \tag{5-3}$$

将式(5-3)与式(5-2)对照，可见除了以 $[vv]$ 代替 $[\Delta\Delta]$ 之外，还以 $(n-1)$ 代替 n。简单直观的解释为：在真值已知的情况下，所有 n 个观测值均为多余观测；在真值未知的情况下，则有一个观测值是必要的，其余 $(n-1)$ 个观测值才是多余的。因此，两个公式中的 n 和 $(n-1)$ 是分别代表真值已知和真值未知两种不同情况下的多余观测数。

式(5-3)可以根据偶然误差的特性来证明。

由

$$\begin{cases} \Delta_1 = X - l_1 \\ \Delta_2 = X - l_2 \\ \vdots \\ \Delta_n = X - l_n \end{cases} \tag{5-4}$$

和

$$\begin{cases} v_1 = \bar{x} - l_1 \\ v_2 = \bar{x} - l_2 \\ \vdots \\ v_n = \bar{x} - l_n \end{cases} \tag{5-5}$$

将上列左、右两式分别相减，得到：

$$\begin{cases} \Delta_1 = v_1 + (X - \bar{x}) \\ \Delta_2 = v_2 + (X - \bar{x}) \\ \vdots \\ \Delta_n = v_n + (X - \bar{x}) \end{cases} \tag{5-6}$$

上式等号两端各取其和,得到:

$$[\Delta] = [v] + n(X - \bar{x}) \tag{5-7}$$

由 $[v] = 0$ 可得:

$$[\Delta] = n(X - \bar{x}) \text{ 和 } X - \bar{x} = \frac{[\Delta]}{n} \tag{5-8}$$

再取其平方和,得到:

$$[\Delta]^2 = [vv] + [n(X - \bar{x})]^2 \tag{5-9}$$

上式中:

$$(X - \bar{x})^2 = \frac{[\Delta]^2}{n^2} = \frac{\Delta_1^2 + \Delta_2^2 + \cdots + \Delta_n^2}{n^2} + \frac{2(\Delta_1\Delta_2 + \Delta_2\Delta_3 + \cdots + \Delta_{n-1}\Delta_n)}{n^2} \tag{5-10}$$

上式中,右端第二项中 $\Delta_i\Delta_j$ ($j \neq i$) 为任意两个偶然误差的乘积,它仍然具有偶然误差的特性。根据偶然误差的第 4 个特性,有:

$$\lim_{n \to \infty} \frac{\Delta_1\Delta_2 + \Delta_2\Delta_3 + \cdots \Delta_{n-1}\Delta_n}{n} = 0 \tag{5-11}$$

当 n 为有限值时,上式的值为一微小量,再除以 n 后,可以忽略不计,因此:

$$(X - \bar{x})^2 = \frac{[\Delta\Delta]}{n^2} \tag{5-12}$$

$$[\Delta\Delta] = [vv] + \frac{[\Delta\Delta]}{n} \tag{5-13}$$

$$\frac{[\Delta\Delta]}{n} = \frac{[vv]}{n-1} \tag{5-14}$$

又因为式(5-2)中 $m = \pm\sqrt{\frac{[\Delta\Delta]}{n}}$

$$m = \pm\sqrt{\frac{[vv]}{n-1}} \tag{5-15}$$

例如,对于某一水平角,在等精度的条件下进行 5 次观测,求其算术平均值及观测值的中误差,详见表 5-2。

3. 容许误差

由偶然误差的第一特性可得到,在等精度的观测条件下,偶然误差的绝对值不会超过一极限值。在大量同精度观测的一组误差中,误差落在($-\sigma$, $+\sigma$)、(-2σ, $+2\sigma$)、(-3σ, $+3\sigma$)区间的概率分别为:

$$P = (-\sigma < \Delta < +\sigma) \approx 68.3\%$$

$$P = (-2\sigma < \Delta < +2\sigma) \approx 95.4\%$$

$$P = (-3\sigma < \Delta < +3\sigma) \approx 99.7\%$$

表 5-2　在等精度条件下的 5 次观测

次数	观测值 l	$\Delta l('')$	改正值 $v('')$	v^2	计算 $\bar{x}$ 及 m
1	35°42′49″	9	-4	16	算术平均值：
2	35°42′40″	0	+5	25	$\bar{x} = l_0 + \left[\dfrac{\Delta l}{n}\right] = 35°42′45″$
3	35°42′42″	2	+3	9	
4	35°42′46″	6	-1	1	观测值的中误差：
5	35°42′48″	8	-3	9	$m = \pm\sqrt{\dfrac{[vv]}{n-1}} = \pm 3.9''$
$\sum$	$l_0 = 35°42′40″$	25	0	60	

可见，绝对值大于三倍中误差的偶然误差出现的概率仅有 0.3%，绝对值大于两倍中误差的偶然误差出现的概率约占 5%，因此通常以两倍中误差作为偶然误差的极限值 $\Delta_{限}$，并称其为极限误差或容许误差。通常，$\Delta_{限} = 2m$，在测量工作中，如某观测量的误差超过了容许误差，就可以认为它是错误的，其观测值应舍去重测。

4. 相对误差

衡量测量成果的精度高低，有时单靠中误差还不能完全表达测量结果的好坏。例如，用钢尺丈量 100m 和 200m 的两段距离，中误差均为±2cm。虽然它们的中误差相同，但考虑到丈量的长度不同，两者精度并不相同。因此，当观测量的精度与观测量本身大小相关时，应用精度指标——相对误差来衡量。

相对误差是用误差的绝对值与观测值之比来衡量精度高低的，在测量中一般可将分子化为 1，即用 $1/N$ 来表示，即

$$K = \frac{1}{L/|m|} = \frac{1}{N} \tag{5-16}$$

相对误差的分母 N 越大，精度越高，如上述两段距离，其相对中误差分别为：

$$K_1 = \frac{0.02}{100} = 1/5000$$

$$K_2 = \frac{0.02}{200} = 1/10000$$

【案例 5-2】每个人都有自己的鉴别能力、一定的分辨率以及技术条件，在仪器安置、照准、读数方面都会产生误差，加之仪器制造本身就存在一定的精度和缺陷。另外，观测对外界的温度、湿度、大气折射等对观测结果都会产生影响。

结合自身所学的相关知识，试分析怎么衡量测量中精度的标准。

5.1.3 算术平均值

1. 算术平均值的计算

在相同的观测条件下,对一个未知量进行 n 次观测,其观测值为 L_1、L_2、L_3、$\cdots$、L_n,设未知量真值为 X,相对应的真误差为 Δ_1、Δ_2、$\cdots$、Δ_n,由此可得:

$$\begin{cases} \Delta_1 = L_1 - X \\ \Delta_2 = L_2 - X \\ \vdots \\ \Delta_n = L_n - X \end{cases} \tag{5-17}$$

将上式中的 $\Delta_1 \sim \Delta_2$ 各项相加得:

$$\Delta_1 + \Delta_2 + \cdots + \Delta_n = (L_1 + L_2 + \cdots + L_n) - nX \tag{5-18}$$

$$[\Delta] = [L] - nX \tag{5-19}$$

故:

$$X = \frac{[L]}{n} - \frac{[\Delta]}{n} \tag{5-20}$$

设以 x 表示观测值的算术平均值,即

$$x = \frac{[L]}{n} \tag{5-21}$$

以 Δ_x 表示算术平均值的真误差,即

$$\Delta_x = \frac{[\Delta]}{n} \tag{5-22}$$

带入式(5-20)可得:

$$X = x - \Delta_x \tag{5-23}$$

由偶然误差的第四特性可以知道,当观测次数无限增多时,Δ_x 趋近于零,即

$$\lim_{n \to \infty} \frac{[\Delta]}{n} = 0 \tag{5-24}$$

由此可得:

$$\lim_{n \to \infty} x = X \tag{5-25}$$

由上式可以看出,当观测次数无限增加时,观测值的算术平均值就趋近该量的真值。但实际工作中观测次数总是有限的,所以算术平均值并不是真值,只是接近于真值,它与各个观测值相比,是最接近真值的值,故认为是该量的最可靠值,也称为最或是值。

2. 观测位的改正数

算术平均值与观测值之差,称为观测值的改正数,以 v 表示,即

$$\begin{cases} v_1 = x - L_1 \\ v_2 = x - L_2 \\ \vdots \\ v_n = x - L_n \end{cases} \tag{5-26}$$

将式(5-26)两端求和,可得:

$$[v] = nx - [L] \tag{5-27}$$

而算术平均值 $x = \dfrac{[L]}{n}$ 代入式(5-27),可得:

$$[v] = 0 \tag{5-28}$$

由式(5-28)可以看出,观测值的改正数的和等于零。这一结论可作为计算工作的校核。

5.2 测量平差

由于测量仪器的精度不完善和人为因素及外界条件的影响,测量误差总是不可避免的。为了提高测量的质量,处理好这些测量中存在的误差问题,观测值的个数往往要多于确定未知量所必须观测的个数,也就是要进行多余观测。有了多余观测,势必在观测结果之间产生矛盾,测量平差的目的就在于消除这些矛盾而求得观测量的最可靠结果并评定测量成果的精度。测量平差采用的原理就是"最小二乘法"。

1. 测量原理

测量平差是用最小二乘法原理处理各种观测结果的理论和计算方法。测量平差的目的在于消除各观测值之间的矛盾,以求得最可靠的结果和评定测量结果的精度。任何测量,只要有多余观测,就有平差的问题。

2. 平差目的

为了提高测量的质量,处理好测量中存在的误差问题,要进行多余观测,有了多余观测,势必在观测结果之间产生矛盾。测量平差的目的就在于消除这些矛盾而求得观测量的最可靠的结果,并评定测量成果的精度。

3. 测量步骤

(1) 观测数据检核,起始数据正确性的处理。

(2) 列出误差方程式或条件方程式,按最小二乘法原理进行平差。

(3) 平差结果的质量评定。按观测量相互间的关系,可分为相关的或不相关的平差。平差的方法有直接平差、间接平差、条件平差、附有条件的间接平差和附有未知数的条件平差等。

音频.测量平差的步骤与平差的方法.mp3

【案例 5-3】山西某矿在马头门施工时,由于测量工作人员的极不专业及领导管理松散,马头门设计南北方向直接施工成东西方向,并且在山西出现了两次同样事故。这不仅仅是测量原因,领导者管理出现了很大的问题。内蒙古某矿由于施工项目部测量技术力量薄弱,在马头门拨开方向后进行钢丝初定向,精度极差。一头施工 40m 后 90b 拐弯,没有进行联系测量巷道就施工了 200m,之后才进行陀螺定向,造成中线偏离设计中线达 5m,给矿方造成了极大的损失。

结合自身所学的相关知识,简述测量过程中有哪些方法可以减少误差。

 本章小结

本章主要讲了测量误差,包括测量误差的概念、衡量精度的标准、算术平均值,测量平差。通过本章的学习,学生可以掌握测量误差,以及测量平差,为今后的深入学习打下一个坚实的基础。

 实训练习

一、单选题

1. 普通水准尺的最小分划为 1cm,估读水准尺 mm 位的误差属于(   )。
   A. 偶然误差
   B. 系统误差
   C. 可能是偶然误差,也可能是系统误差
   D. 既不是偶然误差,也不是系统误差

2. 坐标反算是根据直线的起、终点平面坐标,计算直线的(   )。
   A. 斜距与水平角　　　　　　　　B. 水平距离与方位角
   C. 斜距与方位角　　　　　　　　D. 水平距离与水平角

3. 在距离丈量中,衡量精度的方法是用(   )。
   A. 往返较差　　B. 相对误差　　C. 闭合差　　D. 绝对误差

4. 坐标方位角是以(   )为标准方向,顺时针转到测线的夹角。
   A. 真子午线方向　　　　　　　　B. 磁子午线方向
   C. 假定纵轴方向　　　　　　　　D. 坐标纵轴方向

5. 经纬仪对中误差属于(   )。
   A. 偶然误差　　B. 系统误差　　C. 中误差　　D. 容许误差

二、多选题

1. 下列误差中，（　　）为偶然误差。
   A. 估读误差　　　　B. 照准误差　　　　C. 2c 误差
   D. 指标差　　　　　E. 横轴误差

2. 影响角度测量成果的主要误差是（　　）。
   A. 仪器误差　　　　B. 对中误差　　　　C. 目标偏误差
   D. 竖轴误差　　　　E. 照准估读误差

3. 水准测量中，使前后视距大致相等，可以消除或削弱（　　）。
   A. 水准管轴不平行视准轴的误差　　B. 地球曲率产生的误差
   C. 大气折光产生的误差　　　　　　D. 阳光照射产生的误差
   E. 估读数差

4. 四等水准测量一测站的作业限差有（　　）。
   A. 前、后视距差　　B. 高差闭合差　　　C. 红、黑面读数差
   D. 红、黑面高差之差　　E. 视准轴不平行水准管轴的误差

5. 下述哪些误差属于真误差？（　　）
   A. 三角形闭合差　　B. 多边形闭合差　　C. 量距往、返较差
   D. 闭合导线的角度闭合差　　E. 导线全长相对闭合差

三、简答题

1. 简述测量误差的概念。
2. 简述衡量精度的标准。
3. 简述算术平均值。

第 5 章课后答案.doc

实训工作单

班级		姓名		日期	
教学项目		测量误差			
任务	学习衡量精度的标准		学习途径	本书中的案例分析，自行查找相关书籍	
学习目标			掌握衡量精度的标准		
学习要点					

学习查阅记录

评语				指导老师	

第 6 章 建筑工程施工测量

【教学目标】

- 了解施工控制网的基本知识。
- 掌握平面施工控制网的布设形式。
- 掌握建筑物的定位测量方法。
- 了解工业厂房施工测量内容。

第 6 章 建筑工程施工测量.pptx

【教学要求】

本章要点	掌握层次	相关知识点
建筑施工控制测量	掌握施工控制网的基本知识	平面施工控制网的布设形式、高程施工控制网的布设形式
建筑物的施工测量	了解建筑物的定位测量	高层建筑施工测量、工业建筑施工测量

【案例导入】

某商务综合楼,楼高 88 层,高度 450m,位于商业核心区。为保证工程质量,由第三方进行检测,测量内容包括:首级 GPS 平面控制网复测、施工控制网复测、电梯井与核心筒垂直度测量、外筒钢结构测量、建筑物主体工程沉降监测、建筑物主体工程日周期摆动测量。

【问题导入】

请仔细阅读本案例,分析施工放样的具体任务。

6.1 建筑施工控制测量

6.1.1 施工控制网的基本知识

施工控制网是为工程建设施工而布设的测量控制网,它的作用是控制该区域施工三维位置(平面位置和高程)。施工控制网是施工放样、工程竣工,建筑物沉降观测以及将来建筑物改建、扩建的依据。施工控制网的特点、精度、布设原则以及布设形式都必须符合施工自身的要求。施工控制网可分为平面施工控制网和高程施工控制网。

建筑工程施工测量.mp4

1. 布设原则

(1) 施工控制网是在施工期间为测设工程建筑物服务的,其布设应根据设计总图和施工总图,结合场区的条件统一考虑。

(2) 布设施工控制网时,既要考虑建筑工地的整体要求(绝对精度),又要考虑建筑物的局部要求(相对精度)。当建筑区面积不大或具有局部精度要求的建筑物较集中时,可考虑采用全面提高整个施工控制网精度的方案。这时控制网的精度,通常以要求最高的建筑物的局部精度来设计,当建筑区面积较大,或具有局部精建筑物主要轴线精度(绝对精度)的首级网,用满足局部精度(相对精度)要求的二级网(独立网,局部精度高于首级网)来加密。

音频.控制网的分类与国家控制网的等级.mp3

(3) 控制点位置要通视良好,使用方便,尽量避免施工干扰和便于长期保存。

(4) 设计总图上建筑物的位置,往往用施工坐标系(或称建筑坐标系)表示,或以某一主要建筑物的轴线为施工坐标系的坐标轴,施工控制网的坐标系应与设计总图的坐标系一致。当施工坐标系与其他坐标系发生关系时,应给出坐标换算关系式。

2. 布设形式

施工控制网的布设,应根据设计总图、施工总图和施工场地的地形条件来确定。对于山岭地区和跨越江河的工程,例如隧道、桥梁工程,一般可布设成三角(边)锁、网。对于通视困难地区的工程,可布设成导线网。而对于矩形建筑物较多且布置比较规则和密集的工业建筑场地,则可布设成建筑方格网作为施工控制网。施工高程控制网一般布设成水准网,可分两级布设,即布设整个施工场地的基本高程控制网和根据各施工阶段及各施工部分的需要而布设的加密高程控制网。在起伏较大的山岭地区,平面和高程控制网点通常可各自分别布设。而在平坦地区,平面控制点通常联测在高程控制网中,兼作高程控制点。

3. 建立

(1) 场区控制网应充分利用勘察阶段的已有平面和高程控制网。原有平面控制网的边长,应投影到测区的主施工高程面上,并进行复测检查。精度满足施工要求时,可作为场区控制网使用,否则,应重新建立场区控制网。新建场区控制网,可利用源控制网中的点组(有三个或三个以上的点组成)进行定位。小规模场区控制网,也可选永远控制网中的一个点的坐标和一个边的方位进行定位。

(2) 建筑物施工控制网应根据场区控制网进行定位、定向和起算。控制网的坐标轴,应与工程设计所采用的主副轴线一致。建筑物的±0.000 高程面,应根据场区水准点测设。

(3) 建筑方格网点的布设,应与建(构)筑物的设计轴线平行,并构成正方形或矩形格网。方格网的测设方法,可采用布网法或轴线法;当采用布网法时,宜增测方格网的对角线;当采用轴线法时,长轴线的定位点不得少于 3 个,点位偏离直线应在 180°±5″以内。水平角观测的测角中误差不应大于 2.5″。

4. 特点

(1) 控制范围小,控制点密度大。在勘测阶段,建筑物的位置还没有最后确定下来,通过勘测,要进行几个方案的比较,最后选出一个最佳方案。因此,勘测时测量的范围较大,往往是工程建筑物实际范围的几倍到十几倍。而在施工阶段,工程建筑物的位置已经确定,施工控制网的服务对象非常明确。所以,施工控制网的范围比测图控制网的范围小得多。

(2) 精度要求高。施工控制网主要用于放样建筑物的轴线,有时也用于放样建筑物的轮廓点,这些轴线和轮廓点都有一定的精度要求。施工控制网的精度远高于测图控制网的精度。这样高精度的控制网,要求图形坚强,有足够的多余观测,在电磁波测距仪和电子计算机广泛应用的条件下,边角网是建立施工控制网的一种好方案。

(3) 使用频繁。施工测量贯穿于施工过程的始终,工程建筑物往往在不同高度上具有不同的形状和尺寸。施工中需要随时进行放样或检查其位置,在一个控制点上往往需要放样几十次甚至上百次。例如在桥梁建设中,随着浇筑桥梁墩台的升高,在施工的不同过程和不同高度上,需要在控制点上进行多次放样。可见,施工控制点较测图控制点使用频繁。这就要求施工控制点必须稳定可靠,使用方便,在整个施工期间避免施工干扰和破坏,必要时可在控制点上设立观测墩,并设置固定的定向标志。

(4) 受施工干扰大。在施工场地,施工人员来来往往,各种施工机械和运输车辆(如吊车、汽车等)川流不息,临时建筑物很多,这就会给施工测量带来很多困难,经常导致视线不通视。特别是现代化施工,常常采用交叉作业方法,工地上各种建筑物的高度相差很悬殊,这都将影响控制点的通视。因此,不仅要求控制点要分布合理,而且要求控制点要有足够的密度,以便在施工放样中有充分选择控制点的余地。

6.1.2 平面施工控制网

1. 平面施工控制网的布设形式

1) 建筑基线

网型是由一条或几条基准线组成的简单图形,如一字形、L 形、T 字形、十字形,如图 6-1 所示。

音频.平面控制布设形式的分类.mp3

平面施工控制网.docx

适用范围：用于面积不大的建筑小区。

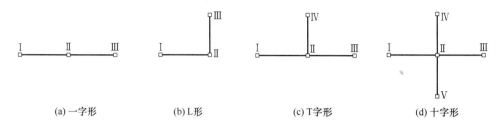

图 6-1　建筑基线网型

2) 建筑方格网

网型：各边组成矩形或正方形，且与拟建的建筑物、构筑物轴线平行或垂直(见图 6-2)。

适用范围：大中型民用或工业建筑的新建场地。

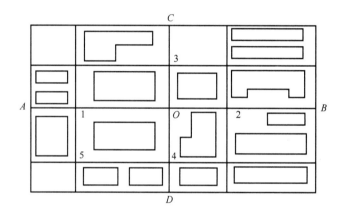

图 6-2　建筑方格网网型

3) 导线或导线网

网型：支导线、闭合导线、附合导线、无定向导线及导线网(见图 6-3)。

适用范围：工程施工，特别是道路工程、受地形限制的旧城区改建或扩建的建筑场地等。

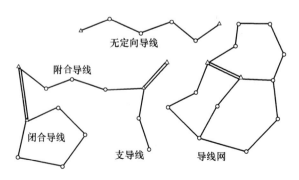

图 6-3　导线或导线网网型

4) 三角网、侧边网或边角网

网型：三角网或三角锁。

适用范围：在水利枢纽工程、桥梁工程、隧道工程等工程建设场地均可。

5) GPS 网

特点：减少了野外作业的时间和强度，观测速度快，定位精度高，不要求站间通视，经济效益高。

适用范围：交通工程、水利枢纽工程、桥梁工程、隧道工程、变形监测等众多工程测绘领域。

GPS 网图.docx

2. 平面施工控制网的特点

(1) 精度要求高。

(2) 采用建筑坐标系。

(3) 各边相互平行或垂直，且为整数。

(4) 点位便于保存。

(5) 先测设控制点，然后调整。

3. 平面施工控制网的优点

1) 计算简单

用加、减法计算直角坐标法放样数据。

2) 使用方便

布置在待测设建筑物的就近位置。

3) 放样迅速

用直角坐标法放样。

4. 测设方法

1) 根据建筑红线测设

适用范围：建筑基线与建筑红线平行或垂直。

方法：平行线推移法。

如图 6-4 所示，AB、AC 是建筑红线，从 A 点沿 AB 方向量取 d_2 定 I′ 点，沿 AC 方向量取 d_1 定 I″ 点。

通过 B、C 作红线的垂线，并沿垂线量取 d_1、d_2 点得 II、III 点，则 II、I″ 两点连线与 III、I′ 两点连线相交于 I 点。

I、II、III 点即为建筑基线点。

检核：安置经纬仪于 I 点，精确观测∠II I III，其角值与 90°之差应不超过±10″，若误差超限，应检查推平行线时的测设数据，并对点位作相应调整(如果建筑红线完全符合条件，也可将其作为建筑基线使用)。

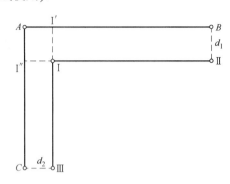

图 6-4　测设方法示意图

2) 根据建筑控制点测设

在新建筑区，当建筑场地上没有建筑红线作为依据时，可根据建筑基线点的设计坐标和附近已有控制点的关系，按前述测设方法算出放样数据，然后放样。

如图 6-5 所示，Ⅰ、Ⅱ、Ⅲ为设计选定的建筑基线点，A、B 为其附近的已知控制点。首先根据已知控制点和待测设基线点的坐标关系反算出测设数据，然后用极坐标测设Ⅰ、Ⅱ、Ⅲ点。

图 6-5　建筑控制点测设

由于存在测量误差，测设的基线点往往不在同一直线(见图 6-6)，因而可以精确地检测出∠Ⅰ′Ⅱ′Ⅲ′。若此角值与180°之差超过限差±10″，则应对点位进行调整。调整值 δ 按下列公式计算：

$$\delta = \frac{ab}{a+b}\left(90° - \frac{\beta}{2}\right)'' \frac{1}{\rho''} \tag{6-1}$$

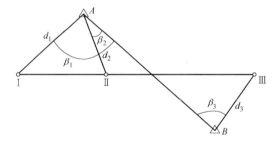

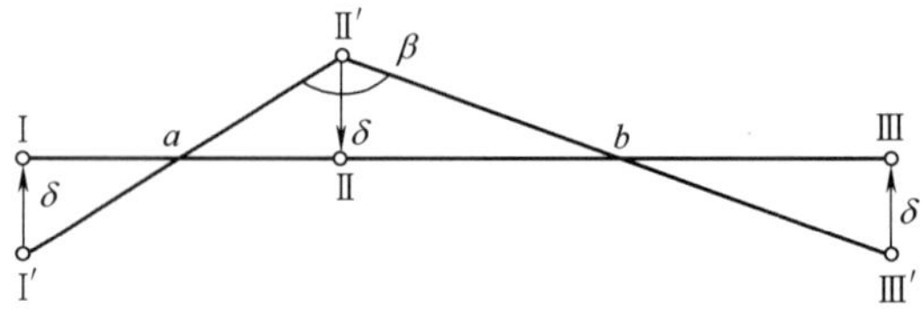

图 6-6　基线测设

6.1.3 高程施工控制网

高程施工控制网的布设形式为支水准路线、附合水准路线、闭合水准路线和水准网。当精度低于四等水准时，也可以用电磁波测距三角高程建立。

1. 设计要求

(1) 预埋水准点，一个工地至少设 2~3 个点，定期校测。

(2) 点位稳固，便于保存和使用。

(3) 布设水准路线，引测新设水准点的高程，精度满足施工要求。

2. 施工场地的高程控制测量

(1) 建筑施工场地的高程控制测量应与国家高程控制系统相联测，以便建立统一的高程系统，并在整个施工场地内建立可靠的水准点，形成水准网。

(2) 水准点应布设在土质坚实、不受震动影响、便于长期使用的地点，并埋设永久标志。

(3) 水准点亦可布设在建筑基线或建筑方格网点的控制桩面上，并在桩面设置一个突出的半球状标志。

(4) 场地水准点的间距应小于 1km；水准点距离建筑物、构筑物不宜小于 25m，距离回填土边线不宜小于 15m。

(5) 水准点的密度应满足测量放线要求，尽量做到设一个测站即可测量出待测的水准点。

(6) 水准网应布设成闭合水准路线、附合水准路线或节点网形。中小型建筑场地一般可按四等水准测量方法测定水准点的高程；对连续性生产的车间，则需要用三等水准测量方法测定水准点高程；当场地面积较大时，高程控制网可分为首级网和加密网两级布设。

【案例 6-1】某市由于城市的迅速发展，中心城市与东部卫星城之间交通压力日益加重，为此拟建一条高标准、时速 80km/h 的城市快速路，线路长 12km。初测阶段，需测绘规划路沿线 1∶500 带状地形图，宽度为规划红线外 50m，遇规划及现状路口加宽 50m，同时调查绘图范围内地下管线。定测阶段，进行中线测量和纵横断面测量。

根据本案例，分析该施工控制网的布设形式。

6.2 建筑物的施工测量

6.2.1 一般民用建筑施工测量

民用建筑是指非生产性的居住建筑和公共建筑，此类建筑大多由若干个大小不等的室内空间组合而成；而其空间的形成，则又需要各种各样的实体来组合，这些实体称为建筑构配件。一般民用建筑由基础、墙或柱、楼底层、楼梯、屋顶、门窗等构配件组成，如住宅、写字楼、幼儿园、学校、食堂、影剧院、医院、旅馆、展览馆、商店和体育场馆等。

民用建筑的施工测量一般可分以下几个步骤。

音频.民用建筑的施工测量步骤.mp3

1. 建筑物的定位测量

(1) 利用现有建筑物定位。在设计图上量出施工建筑物与现有建筑物之间的距离。

(2) 根据建筑方格网或建筑基线进行定位，应尽量采用直角坐标法，如地形条件不允许时，可采用极坐标法。

(3) 根据测量控制点定位，主要采用极坐标法。

2. 建筑物放线

建筑物放线就是根据已测设的角点桩(建筑物外墙主轴线交点桩)及建筑物平面图，详细测设建筑物各轴线的交点桩(或称中心桩)。如图 6-7 所示，测设方法是，在角点上设站(M、N、P、Q)用经纬仪定向，钢尺量距，依次定出 2、3、4、5 各轴线与 A 轴线和 D 轴线的交点(中心桩)，然后再定出 B、C 轴线与 1、6 轴线的交点(中心桩)。建筑物外轮廓中心桩测定后，继续测定建筑物内各轴线的交点(中心桩)。

建筑物放线.docx

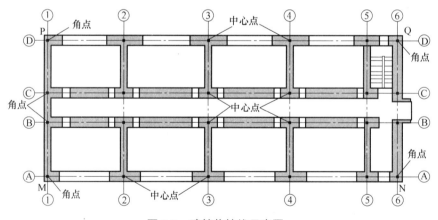

图 6-7 建筑物放线示意图

3. 测设轴线控制桩或龙门板

(1) 测设控制桩(引桩)时，可将经纬仪安置在角桩上，瞄准另一角桩，沿视线方向用钢尺向基槽外侧量取 3～5m。然后打下木桩，桩顶钉上小钉，准确标出轴线位置，并用混凝土包裹木桩，如图 6-8 所示。

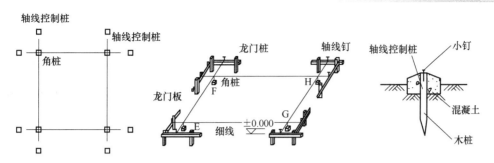

图 6-8 测设轴线控制桩

(2) 在一般民用建筑中，常在基槽开挖线外一定距离处钉设龙门板。

6.2.2 高层建筑施工测量

高层建筑的特点是层数多，高度高，结构复杂。

因结构竖向偏差可直接影响工程受力，故在施工测量中要求竖向投点精度高，所选用的仪器和测量方法要适应结构类型、施工方法和场地情况。

由于建筑结构复杂，设备和装修标准较高，特别是高速电梯的安装等，对施工测量精度要求亦高，一般情况下在设计图纸中有说明，有各项允许偏差值，施工测量误差必须控制在允许偏差值以内。

面对建筑平面、立面造型的复杂多变，必须在工程开工前，先制定施工测量、仪器配置、测量人员分工方案，并经工程指挥部组织有关专家论证后方可实施。

1. 高层建筑定位测量

1) 测设施工方格网

在总平面布置图上进行设计，是测设在基坑开挖范围以外一定距离，平行于建筑物主要轴线方向的矩形控制网。

2) 测设主要轴线控制桩

在施工方格网的四边上，根据建筑物主要轴线与方格网的间距，测设主要轴线的控制桩；除了四廓轴线外，建筑物的中轴线等重要轴线也应在施工方格网边线上测设出来，与四廓的轴线一起称为施工控制网中的控制线。

2. 高层建筑基础施工测量

(1) 轴线测设，设置轴线控制桩。

(2) 桩位测设。

(3) 基坑位置测设。

(4) 基坑抄平，底板垫层放样。

(5) 地下建筑轴线放样。

(6) 至±0，基础施工结束。

3. 高层建筑的轴线投测

1) 吊垂球法

(1) 底层在距离建筑物主轴线 0.5～1m 处设置与之平行的辅助轴线，一般预埋铁板，上做标志以供向上投测。

(2) 每层相应位置预留 300×300mm 的孔洞，悬吊垂球对准底层预埋标志，在上层洞口做相应标志，可加铅直套管保护铅垂线。

2) 经纬仪投测法

(1) 安置经纬仪于纵横轴线四轴线控制桩，正倒镜将底层轴线标志向上投测到上层楼面取中，根据主轴线在楼面上测设其他轴线。

(2) 注意经纬仪照准部水准管轴严格垂直仪器竖轴，投测时应严格精平，经纬仪距建筑物距离应大于投测高度 1.5 倍，宜在阴天、无风条件下观测。

3) 激光铅垂仪

(1) 适用于高层建筑、烟囱、高塔架铅直定位。其特点是使用方便、精度高、速度快。

(2) 安置经纬仪于底层辅助轴线的预埋标志上，严格对中整平。

(3) 接通激光光源，启辉激光器发射铅直激光束。

(4) 在相应楼层垂推孔用接受靶接收，水平转动仪器一周，在接收靶上标出光斑轨迹的圆心。

【案例 6-2】 某商务综合楼，楼高 88 层，高度 450m，位于商业核心区。为保证工程质量，由第三方进行检测，测量内容包括：首级 GPS 平面控制网复测、施工控制网复测、电梯井与核心筒垂直度测量、外筒钢结构测量、建筑物主体工程沉降监测、建筑物主体工程日周期摆动测量。

根据案例分析超高层建筑测量中应注意的问题和步骤。

6.2.3 工业建筑施工测量

工业建筑主要以厂房为主，有单层和多层、装配式和现浇整体式之分。

工业厂房施工测量内容主要有以下几点。

1. 厂房矩形控制网的测设

工业厂房一般应建立厂房矩形控制网，作为厂房施工测设的依据。

下面介绍根据建筑方格网,采用直角坐标法测设厂房矩形控制网的测设方法。

(1) 首先测设主轴线,如图 6-9 中的 AOB 与 COD 所示。

(2) 主轴线测设后,可测设矩形控制网。

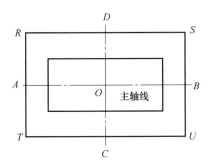

图 6-9　主线测设

2. 厂房柱列轴线的测设

根据厂房平面图上所标注的柱间距和跨距尺寸,用钢尺沿矩形控制网各边量出各柱列轴线控制桩的位置,并打入大木桩,桩顶用小钉标出点位,作为柱基测设和施工安装的依据,如图 6-10 所示。

3. 柱基测设

柱基的测设应以柱列轴线为基线,按基础施工图中基础与柱列轴线的关系尺寸测设。

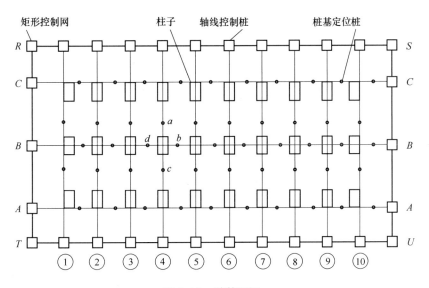

图 6-10　桩基测设

4. 杯型基础立模测量

杯形基础立模测量有以下三项工作。

(1) 基础垫层打好后,根据基坑周边定位小木桩,用拉线吊垂球的方法,把柱基定位线投测到垫层上,弹出墨线,用红漆画出标记,作为柱基立模板和布置基础钢筋的依据。

(2) 立模时,将模板底线对准垫层上的定位线,并用垂球检查模板是否垂直。

(3) 将柱基顶面设计标高测设在模板内壁,作为浇灌混凝土的高度依据。

5. 厂房构件及设备安装测量

1) 柱子的安装与测量

(1) 柱子安装应满足的基本要求。

柱子中心线应与相应的柱列轴线一致,其允许偏差为±5mm。牛腿顶面和柱顶面的实际标高应与设计标高一致,其允许误差为±(5～8mm),柱高大于 5m 时为±8mm。柱身垂直允许误差为:当柱高≤5m 时,为±5mm;当柱高 5～10m 时,为±10mm;当柱高超过 10m 时,则为柱高的 1/1000,但不得大于 20mm。

(2) 柱子安装前的准备工作。

① 在柱基顶面投测柱列轴线。柱基拆模后,用经纬仪根据柱列轴线控制桩,将柱列轴线投测到杯口顶面上,如图 6-11 所示,并弹出墨线,用红漆画出"▶"标志,作为安装柱子时确定轴线的依据。

用水准仪在杯口内壁,测设一条一般为-0.600m 的标高线(一般杯口顶面的标高为-0.500m),并画出"▼"标志,如图 6-11 所示,作为杯底找平的依据。

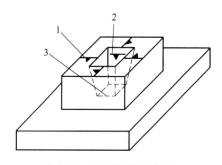

图 6-11 杯形基础示意图

1—柱中心线;2——60cm 标高线;3—杯宽

② 柱身弹线。柱子安装前,应将每根柱子按轴线位置进行编号。如图 6-12 所示,在每根柱子的三个侧面弹出柱中心线,并在每条线的上端和下端近杯口处画出"▶"标志。根据牛腿面的设计标高,从牛腿面向下用钢尺量出-0.600m 的标高线,并画出"▼"标志。

③ 杯底找平。先量出柱子的-0.600m 标高线至柱底面的长度,再在相应的柱基杯口内,量出-0.600m 标高线至杯底的高度,并进行比较,以确定杯底找平厚度,用水泥砂浆根据找平厚度,在杯底进行找平,使牛腿面符合设计高程。

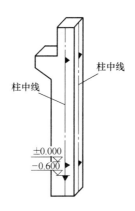

图 6-12 柱身弹线

(3) 柱子的安装测量。

① 预制的钢筋混凝土柱子插入杯口后,应使柱子三面的中心线与杯口中心线对齐,用木楔或钢楔临时固定。

② 柱子立稳后,立即用水准仪检测柱身上的±0.000m 标高线,其容许误差为±3mm。

③ 用两台经纬仪,分别安置在柱基纵、横轴线上,离柱子的距离不小于柱高的 1.5 倍,先用望远镜瞄准柱底的中心线标志,固定照准部后,再缓慢抬高望远镜观察柱子偏离十字丝竖丝的方向,指挥用钢丝绳拉直柱子,直至从两台经纬仪中,观测到的柱子中心线都与十字丝竖丝重合为止。

④ 在杯口与柱子的缝隙中浇入混凝土,以固定柱子的位置。

⑤ 在实际安装时,一般是一次把许多柱子都竖起来,然后进行垂直校正。这时,可把两台经纬仪分别安置在纵横轴线的一侧,一次可校正几根柱子,但仪器偏离轴线的角度,应在 15°以内。

(4) 柱子安装测量时的注意事项。

① 所使用的经纬仪必须严格校正,操作时,应使照准部水准管气泡严格居中。

② 校正时,除注意柱子垂直外,还应随时检查柱子中心线是否对准杯口柱列轴线标志,以防柱子安装就位后,产生水平位移。

③ 在校正变截面的柱子时,经纬仪必须安置在柱列轴线上,以免产生差错。

④ 在日照下校正柱子的垂直度时,应考虑日照使柱顶向阴面弯曲的影响,为避免这种影响,宜在早晨或阴天校正。

2) 吊车梁的安装与测量

吊车梁的安装和测量主要是保证吊车梁中线位置和吊车梁的标高满足设计要求。

(1) 吊车梁安装前的准备工作。

① 在柱面上量出吊车梁顶面标高。根据柱子上的±0.000m 标高线,用钢尺沿柱面向上量出吊车梁顶面设计标高线,作为调整吊车梁面标高的依据。

② 在吊车梁上弹出梁的中心线。在吊车梁的顶面和两端面上，用墨线弹出梁的中心线，作为安装定位的依据。

③ 在牛腿面上弹出梁的中心线。根据厂房中心线，在牛腿面上投测出吊车梁的中心线。

(2) 吊车梁的安装测量。

安装时，使吊车梁两端的梁中心线与牛腿面梁中心线重合，使吊车梁初步定位。采用平行线法，对吊车梁的中心线进行检测。

3) 屋架的安装与测量

(1) 屋架安装前的准备工作。

屋架吊装前，用经纬仪或其他方法在柱顶面上，测设出屋架定位轴线。在屋架两端弹出屋架中心线，以便进行定位。

(2) 屋架的安装测量。

屋架吊装就位时，应使屋架的中心线与柱顶面上的定位轴线对准，允许误差为 5mm。屋架的垂直度可用垂球或经纬仪进行检查。

【案例6-3】某水库规划为城市供水，需进行水库地区地形测量。测区面积15km^2，为丘陵地区，海拔高 50~120m。山上灌木丛生，通视较差。需遵照《城市测量规范》1∶1000地形图，工期60天。已有资料：国家二等三角点1个、D级GPS点1个，国家一等水准点2个。作为平面和高程控制起算点。坐标和高程系统、基本等高距、图幅分幅：采用54北京坐标系和1956年黄海高程系。基本等高距1.0m，50cm × 50cm 矩形分幅。

试结合上文分析，提交的成果资料应包含哪些内容。

本章小结

通过本章的学习，主要学习了施工控制网的基本知识；平面施工控制网的布设形式；高程施工控制网的布设形式；建筑物的定位测量。希望通过本章的学习，同学们可以对建筑工程施工测量的基本知识有基本了解，并掌握相关的知识点，举一反三，学以致用。

实训练习

一、单选题

1. 建立工程测量平面控制网的坐标系统要求测区内投影长度变形不大于(　　)。
   A. 1/25000　　B. 1/40000　　C. 1/20000　　D. 1/50000

2. 工程测量高程控制点间的距离一般地区应为 1~3km，工业场区宜为 1km，但一个测区及周围至少应有(　　)个高程控制点。

A. 1　　　　B. 2　　　　C. 3　　　　D. 4

3. 工程测量工作应遵循的原则是( )。
   A. 必要观测原则　　　　　　B. 多余观测原则
   C. 随时检查的原则　　　　　D. 从整体到局部的原则

4. 与国家控制网比较,工程控制网具有下列特点( )。
   A. 边长较长边长相对精度较高　　B. 点位密度较小
   C. 边长相对精度较高　　　　　　D. 点位密度较大

5. 定线中(轴)线点、拨地界址点相对于邻近高级控制点的点位中误差不应大于( )。
   A. 1cm　　　　B. 2cm　　　　C. 10cm　　　　D. 5cm

6. 施工控制网选择投影到主施工高程面作为投影面而不进行高斯投影,主要是为了( )。
   A. 方便控制网观测　　　　　B. 方便平差计算
   C. 与城市控制网相区别　　　D. 方便施工放样、方便控制网观测

7. 建筑物施工控制网的坐标轴,一般( )。
   A. 与国家坐标系一致　　　　B. 任意选取
   C. 与工程设计的主副轴线一致　D. 与地方坐标系一致

8. 施工控制网有时分两级布网,次级网的精度( )首级网的精度。
   A. 一定低于　　B. 等于　　C. 一定高于　　D. 可能高于

9. 工程控制网按网型分类有( )。
   A. 测角网　　B. 方格网　　C. 测图控制网　　D. 自由网

10. 施工控制网的作用是( )。
    A. 避免测量误差的积累　　　B. 放样过程的选择
    C. 验收承包人的施工定线　　D. 选择放样方法

二、多选题

1. 工程测量控制网按用途可划分为( )。
   A. 测图控制网　　　B. 施工控制网　　　C. 变形监测网
   D. 安装控制网　　　E. 导线网

2. 工程测量控制网按施测方法可划分为( )。
   A. 测边网　　B. 边角网　　C. 方格网　　D. GPS网　　E. 水准网

3. 工程测量平面控制网建立的常用方法有( )。
   A. 卫星定位测量　　　B. 导线测量　　　C. 三角形网测量
   D. 水准测量　　　　　E. 角度测量

4. 关于工程测量高程控制的施测方法，下列说法正确的有(　　)。
   A. 采用几何水准测量
   B. 二等及以下等级可采用 GPS 拟合高程测量
   C. 五等可采用 GPS 拟合高程测量
   D. 四等及以下等级可采用电磁波测距三角高程测量
   E. 采用直接丈量

5. 测量中的误差来源有(　　)。
   A. 仪器误差　　　　B. 外界条件影响　　　　C. 观测者的误差
   D. 控制网　　　　　E. 方格网

6. 测区高程系统的确定，下列说法正确的有(　　)。
   A. 宜采用 1956 年黄海高程系统　　B. 宜采用 1985 国家高程基准
   C. 在已有高程控制网的地区测量时，可沿用原有的高程系统
   D. 当小测区联测有困难时，可采用假定高程系统
   E. 进出口与相应定向点之间应通视

7. 图根平面控制，可采用的方法有(　　)。
   A. 图根导线　　　　B. 极坐标法　　　　C. 交会法
   D. GPS 测量　　　　E. 几何水准测量

8. 定线工作的主要内容包括(　　)。
   A. 控制测量　　　　B. 条件点测量　　　　C. 条件点计算及整理
   D. 内业计算资料整理　E. 施工场地平整

9. 工程控制网的质量准则包括(　　)。
   A. 精度　　B. 可靠性　　C. 灵敏度　　D. 范围　　E. 费用

10. 线路初测的主要工作有(　　)。
    A. 平面控制测量　　B. 高程控制测量　　C. 纵横断面测绘
    D. 带状地形图测绘　E. 技术总结报告

三、简答题

1. 简述平面施工控制网的布设形式。
2. 简述高层建筑的特点。
3. 高层建筑的轴线投测有哪几种方法？
4. 施工控制网的布设形式有哪些？
5. 简述工业厂房施工测量内容。

第 6 章课后答案.docx

实训工作单

班级		姓名		日期	
教学项目		角度测量			
学习项目	建筑工程施工测量		学习要求	掌握施工控制网的基本知识	
相关知识			平面施工控制网、高程施工控制网、高层建筑施工测量、工业建筑施工测量		
其他内容			一般民用建筑施工测量		
学习记录					
评语				指导老师	

第 7 章　全站仪及 GPS 测量原理

【教学目标】

- 熟悉全站仪与 GPS。
- 掌握本章测绘仪器的应用。
- 了解测绘的相关仪器应用背景。

第 7 章　全站仪及全球 GPS 测量原理.pptx

【教学要求】

本章要点	掌握层次	相关知识点
全站仪的应用	熟悉全站仪的构成 熟练掌握全站仪在测绘中的应用	建筑测量基本内容
GPS 的应用	了解 GPS 的相关背景 掌握 GPS 在测量工程中的应用	GPS 接收器

全站仪及全球 GPS 测量原理.mp4

【案例导入】

在某新建铁路线上,已有首级控制网数据。有一隧道长 10km,平均海拔 500m,进出洞口以桥梁和另外两标段的隧道相连。为保证双向施工,需要按 GPS C 级布设平面控制网和进行二等水准测量。

所用仪器设备:单、双频 GPS 各 6 台套、S3 光学水准仪 5 台、数字水准仪 2 台(0.3mm/km)、2 秒级全站仪 3 台。

相关计算软件:GPS 数据处理软件、水准测量平差软件。

【问题导入】

请结合自身所学相关知识以及对工程测量的个人经验,运用专业知识,试简单阐述全站仪与 GPS 在本案例中所起到的作用与相关应用。

7.1 全 站 仪

随着科学技术的不断发展,由光电测距仪、电子经纬仪、微处理仪及数据记录装置融为一体的电子速测仪(简称全站仪)正日渐成熟并逐步普及。这标志着测绘仪器的研究水平、制造技术、科技含量、适用性程度等,都达到了一个新的高度。

全站仪即全站型电子测距仪(Electronic Total Station),是一种集光、机、电为一体的高技术测量仪器,是集水平角、垂直角、距离(斜距、平距)、高差测量功能于一体的测绘仪器系统。因其一次安置仪器就可完成该测站上的全部测量工作,所以称之为全站仪。它广泛用于地上大型建筑和地下隧道施工等精密工程测量或变形监测领域。

全站仪.docx

7.1.1 全站仪的构造及性能

全站仪几乎可以用于所有的测量领域。电子全站仪由电源部分、测角系统、测距系统、数据处理部分、通信接口及显示屏、键盘等组成,其基本组成如图 7-1 所示。

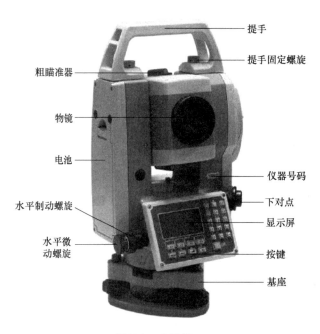

图 7-1 全站仪

音频.全站仪的构成.mp3

全站仪.mp4

电子经纬仪.docx

同电子经纬仪、光学经纬仪相比,全站仪增加了许多特殊部件,因此全站仪比其他测角、测距仪器具有更多的功能,使用也更方便。其有下列几种装置。

1. 同轴望远镜

全站仪的望远镜实现了视准轴、测距光波的发射、接收光轴同轴化。同轴化的基本原理是，在望远物镜与调焦透镜间设置分光棱镜系统，通过该系统实现望远镜的多功能，即既可瞄准目标，使之成像于十字丝分划板，进行角度测量；同时其测距部分的外光路系统又能使测距部分的光敏二极管发射的调制红外光在经物镜射向反光棱镜后，经同一路径反射回来，再经分光棱镜作用使回光被光电二极管接收；为测距需要在仪器内部另设一内光路系统，通过分光棱镜系统中的光导纤维将由光敏二极管发射的调制红外光传也送给光电二极管接收，而进行由内、外光路调制光的相位差间接计算光的传播时间，计算实测距离。

同轴性使望远镜具备了一次瞄准即可实现同时测定水平角、垂直角和斜距等全部基本测量要素的测定功能，加之全站仪强大、便捷的数据处理功能，因此使用极其方便。

2. 双轴自动补偿

在仪器的检验校正中已介绍了双轴自动补偿原理，作业时若全站仪纵轴倾斜，会引起角度观测的误差，盘左、盘右观测值取中不能使之抵消。而全站仪特有的双轴(或单轴)倾斜自动补偿系统，可对纵轴的倾斜进行监测，并在度盘读数中对因纵轴倾斜造成的测角误差自动加以改正(某些全站仪纵轴最大倾斜可允许至±6′)。也可通过将由竖轴倾斜引起的角度误差，由微处理器自动按竖轴倾斜改正计算式计算，并加入度盘读数中加以改正，使度盘显示读数为正确值，即所谓纵轴倾斜自动补偿。

双轴自动补偿所采用的构造：使用水泡(该水泡不是从外部可以看到的，与检验校正中所描述的不是一个水泡)来标定绝对水平面，该水泡是中间填充液体，两端是气体。在水泡的上部两侧各放置一发光二极管，而在水泡的下部两侧各放置一光电管，用于接收发光二极管透过水泡发出的光。而后，通过运算电路比较两二极管获得的光的强度。当在初始位置，即绝对水平时，将运算值置零。当作业中全站仪器倾斜时，运算电路实时计算出光强的差值，从而换算成倾斜的位移，将此信息传达给控制系统，以决定自动补偿的值。自动补偿的方式除由微处理器计算修正输出外，还有一种方式，即通过步进马达驱动微型丝杆，把此轴方向上的偏移进行补正，从而使轴时刻保持绝对水平。

3. 键盘

键盘是全站仪在测量时输入操作指令或数据的硬件，全站型仪器的键盘和显示屏均为双面式，便于正、倒镜作业时操作。

4. 存储器

全站仪存储器的作用是将实时采集的测量数据存储起来，再根据需要传送到其他设备(如计算机等)中，供进一步的处理或利用，全站仪的存储器有内存储器和存储卡两种。

全站仪内存储器相当于计算机的内存(RAM)，存储卡是一种外存储媒体，又称 PC 卡，作用相当于计算机的磁盘。

5．通信接口

全站仪可以通过通信接口和通信电缆将内存中存储的数据输入计算机，或将计算机中的数据和信息经通信电缆传输给全站仪，实现双向信息传输。通信接口如图 7-2 所示。

图 7-2　全站仪通信接口

7.1.2　全站仪的使用

全站仪具有角度测量、距离(斜距、平距、高差)测量、三维坐标测量、导线测量、交会定点测量和放样测量等多种用途。内置专用软件后，功能还可进一步拓展。下面介绍几种最基本的也是最常用的测量方式。

1．水平角测量

(1) 按角度测量键，使全站仪处于角度测量模式，照准第一个目标 A。

(2) 设置 A 方向的水平度盘读数为 0°00′00″。

(3) 照准第二个目标 B，此时显示的水平度盘读数即为两方向间的水平夹角。

2．距离测量

(1) 设置棱镜常数。测距前须将棱镜常数输入仪器中，仪器会自动对所测距离进行改正。

(2) 设置大气改正值或气温、气压值。光在大气中的传播速度会随大气的温度和气压而变化，15℃和 760mmHg 是仪器设置的一个标准值，此时的大气改正为 0ppm。实测时，可输入温度和气压值，全站仪会自动计算大气改正值(也可直接输入大气改正值)，并对测距结果进行改正。

(3) 测量仪器高、棱镜高并输入全站仪。

(4) 距离测量。照准目标棱镜中心，按测距键，距离测量开始，测距完成时显示斜距、平距、高差。

全站仪的测距模式有精测模式、跟踪模式、粗测模式三种。精测模式是最常用的测距模式，测量时间约 2.5s，最小显示单位 1mm；跟踪模式，常用于跟踪移动目标或放样时连续测距，最小显示一般为 1cm，每次测距时间约 0.3s；粗测模式，测量时间约 0.7s，最小显示单位 1cm 或 1mm。在距离测量或坐标测量时，可按测距模式(MODE)键选择不同的测距模式。

应注意，有些型号的全站仪在距离测量时不能设定仪器高和棱镜高，显示的高差值是全站仪横轴中心与棱镜中心的高差。

3. 坐标测量

(1) 设定测站点的三维坐标。

(2) 设定后视点的坐标或设定后视方向的水平度盘读数为其方位角。当设定后视点的坐标时，全站仪会自动计算后视方向的方位角，并设定后视方向的水平度盘读数为其方位角。

(3) 设置棱镜常数。

(4) 设置大气改正值或气温、气压值。

(5) 测量仪器高、棱镜高并输入全站仪。

(6) 照准目标棱镜，按坐标测量键，全站仪开始测距并计算显示测点的三维坐标。

7.1.3 全站仪在工程测量中的应用

传统的建筑施工方法，一般需先对控制点坐标计算后再进行测量操作，而在测量的过程中，施工人员时常会遇到通视障碍，从而增加整个测量施工的难度。将全站仪用于施工测量，能降低施工现场的通视要求，特别有助于通视条件较差、外形较复杂的工程测量。工程测量中全站仪有以下应用。

音频.全站仪的应用.mp3

1. 复核起始数据

复核起始数据是施工测量的重要工作，具体的应用有：确定两个城市的控制网点，设为 D1 和 D2，D1 视作测站点，全站仪便设在 D1；D2 视为目标点，棱镜就架设在 D2；对全站仪进行整平和对中，设置仪器的参数；将仪器的照准方向值设置为零度；按照施工测量的要求次数，使用全站仪对水平角进行复测，并实行多次测距，对其测量的平均值给出相应的显示；如果遇到整体体积较大、占地面积较广的巨型建筑物体，控制网点之间的间距相对较远，当它们的距离处于 200~300m 时，普通的光学仪器所观测出来的结果很容易

产生误差。而采用全站仪实行观测就不会存在误差，也比较方便，取得的测量结果的精度较高。

2. 建立平面控制

通过应用全站仪坐标放样的功能，对建筑实行定位的主要依据就是建立平面控制网，可达到对建筑的整体平面控制网进行便捷而准确地测量和设置，还可采取加密处理的方式，在建筑内形成方格网。其具体应用：以施工的图纸为样本，计算个体控制点和待放样点的坐标；明确两城市的控制网点 D1 和 D2，D1 视为后视点，其上作为棱镜架的放置点；D2 视为测站点，其上放置全站仪架；对全站仪进行整平、对中的调整，并设置仪器的参数；启动全站仪的坐标放样模式，输入测站点的仪器高、目标高和坐标；启动其方位角的设置功能，并输入后视点的坐标；第二次启动全站仪的坐标放样模式，输入待放样点的坐标；对仪器的照准部实现旋转操作，保持其水平角所显示的度数为零；将显示值作为依据，让棱镜沿着照准方向进行移动，直到保持观测值处于被允许的误差范围内为止。

3. 实施高程控制

在全部测量的工作中，高程测量的工作量是比较大的，利用全站仪距离测量这种功能，可实现精确的高程控制。具体应用有：在水准点的附近进行全站仪的架设；把自带棱镜的2根测杆，分别置于水准点与需测标的两个高点上；对全站仪进行整平和对中调整，启动其距离的测量模式，测量仪器到水准点产生的高差、斜距和平距，并测量仪器至所求点之间的高差、斜距和平距；经假设水准仪，实现对楼面及其他位置的中高程全面控制。在高程控制中应用全站仪的三角高程测距法，其引测的速度快、工作量较小，同时在很大程度上也可降低误差等因素对施工作业产生的干扰。

4. 观测偏移和沉降

大型的建筑工程极度重视安全系数，并对其要求很高，加上大型工程边坡支护的难度较大，所以在工程测量中最重要的一项工作就是定期监测大型工程，尤其是其偏移和沉降过程的监测。

具体的应用包括：沿着基坑的四周变现，使每边 3 个监测点均保持均匀设置；选出可通视的 2 个基准点，并知道其高程与坐标，将其中 1 个基准点作为后视点，而另 1 个基准点处进行全站仪架设，并定期监测监测点的三维坐标，分析和比较其结果，最终达到对大型建筑工程的偏移与沉降进行观测的目的。

【案例 7-1】在传统公路施工中，工程测绘人员一般采用水准仪作为地形测量的主要工具，虽然水准仪可以帮助相关人员完成测量任务，但是由于其本身特性，在实际使用中，水准仪存在着许多不便之处，而全站仪作为一种先进的电子测量设备，在完成测量工作的同时，弥补了水准仪的缺点，因而受到广大工程人员欢迎。

结合上文分析全站仪在工程测量中的优点。

7.1.4 全站仪的检验、校正及使用注意事项

在建筑工程施工中，工程测量的精度对工程质量和进度都有十分重要的影响。如果工程测量中出现了误差，将可能导致错误施工以及延误工期，带来较大的经济损失。所以在测量前要对仪器进行检验与教程处理，同时在使用过程中对测量人员也有严格的要求，严格按照规范进行操作，以及后期仪器的存放等都需要严加规范，以避免测量中产生误差，使测量精度得以保障。以下是全站仪检验、校正的内容及使用过程中需要注意的事项。

1. 检验与校正

(1) 照准部水准轴应垂直于竖轴的检验和校正。检验时先将仪器大致整平，转动照准部使其水准管与任意两个脚螺旋的连线平行，调整脚螺旋使气泡居中，然后将照准部旋转180°，若气泡仍然居中则说明条件满足，否则应进行校正。

校正的目的是使水准管轴垂直于竖轴，即用校正针拨动水准管一端的校正螺钉，使气泡向正中间位置退回一半，为使竖轴竖直，再用脚螺旋使气泡居中即可。此项检验与校正必须反复进行，直到满足条件为止。

(2) 十字丝竖丝应垂直于横轴的检验和校正。检验时用十字丝竖丝瞄准一清晰小点，使望远镜绕横轴上下转动，如果小点始终在竖丝上移动则条件满足，否则需要进行校正。

校正时松开四个压环螺钉(装有十字丝环的目镜用压环和四个压环螺钉与望远镜筒相连接)。转动目镜筒使小点始终在十字丝竖丝上移动，校正好后将压环螺钉旋紧。

(3) 全站仪盘左盘右。全站仪仪器的盘左和盘右，实际上沿用了老式光学经纬仪的称谓，是根据竖盘相对观测人员所处的位置而言的。观测时，当竖盘在观测人员的左侧时称为盘左，反之称为盘右。相对盘左和盘右而言也被称为正镜和倒镜，以及 F1(FACE1)面和F2(FACE2)面。

对于测量来讲，若正、反(盘左、盘右)测量后，通过测量方法有可能消除某些人为误差以及固定误差。对于可定义盘左和盘右称谓的仪器而言，给用户增加了应用仪器的可选操作界面，对测量作业和测量结果没有影响。

另外，对于靠角度确认盘左和盘右可能存在某些错觉，例如某些连接陀螺仪的全站仪或者经纬仪，在确定盘左和盘右时显示的不一定对应。也就是说，相对于180°角度数值而言，往小向转不一定是盘左。使用者记住两者的差值即可。仪器也是自动求算的，对工程测量结果没有影响。

(4) 气泡校正。全站仪整平以及气泡校正正确调平仪器的方法如下所述。

① 架设：将仪器架设到稳固的三脚架上，旋紧中心螺旋。

② 粗平：看圆气泡(精度相对较低，一般为1分)，分别旋转仪器的3个脚螺旋将仪器大致整平。

③ 精平：使仪器照准部上的管状水准器(或者称长气泡管)平行于任意一对脚螺旋，旋转两脚螺旋使气泡居中(最好采用左拇指法，即左右手同时转动两个脚螺旋，并且两拇指移动方向相向，左手大拇指方向与气泡管气泡移动方向相同)；然后，将照准部旋转90°，旋转另外一个脚螺旋使长气泡管气泡居中。

④ 检验：将仪器照准部再旋转90°，若长气泡管气泡仍居中，表示已经整平；若有偏差，请重复步骤③。正常情况下重复1~2次就会好了。当全站仪上水泡调至如图7-3所示即为标准。

图7-3 管水准器与圆水准器

2. 使用注意事项

(1) 开工前应检查仪器箱背带及提手是否牢固。

(2) 开箱后提取仪器前，要看准仪器在箱内放置的方式和位置，装卸仪器时，必须握住提手，将仪器从仪器箱取出；装入仪器箱时，必须握住仪器提手和底座，不可握住显示单元的下部。切不可握住仪器的镜筒，否则会影响内部固定部件，从而降低仪器的精度。应握住仪器的基座部分，或双手握住望远镜支架的下部。仪器用毕，先盖上物镜罩，并擦去表面的灰尘。装箱时各部位要放置妥帖，合上箱盖时应无障碍。

(3) 在太阳光照射下观测仪器，应给仪器打伞，并使用遮阳罩，以免影响观测精度。在杂乱环境下测量，仪器要有专人守护。当仪器架设在光滑的表面时，要用细绳(或细铅丝)将三脚架三个脚连接起来，以防滑倒。

(4) 当架设仪器在三脚架上时，应尽可能用木制三脚架，因为使用金属三脚架可能会产生振动，从而影响测量精度。

(5) 当测站之间距离较远，搬站时应将仪器卸下，装箱后背着走。行走前要检查仪器箱是否锁好，检查安全带是否系好。当测站之间距离较近，搬站时可将仪器连同三脚架一起靠在肩上，但仪器要尽量保持直立放置。

(6) 搬站之前，应检查仪器与脚架的连接是否牢固，搬运时，应把制动螺旋略微关住，使仪器在搬站过程中不致晃动。

(7) 仪器任何部分发生故障，不要勉强使用，应立即检修，否则会加剧仪器的损坏程度。

(8) 光学元件应保持清洁，如沾染灰沙，必须用毛刷或柔软的擦镜纸擦掉。禁止用手指抚摸仪器的任何光学元件表面。清洁仪器透镜表面时，请先用干净的毛刷扫去灰尘，再用干净的无线棉布蘸酒精由透镜中心向外一圈圈地轻轻擦拭。除去仪器箱上的灰尘时切不可用任何稀释剂或汽油，而应用干净的布块蘸中性洗涤剂擦洗。

(9) 在潮湿环境中工作，作业结束，要用软布擦干仪器表面的水分及灰尘后装箱。回到办公室后立即开箱取出仪器放于干燥处，彻底晾干后再装箱内。

(10) 冬天室内、室外温差较大时，仪器搬出室外或搬入室内，应隔一段时间后才能开箱。

全站仪是工程测量中用到最多的仪器之一，一个合格的测量工程需要有对相关专业知识熟悉的测量人员，这就需要在学习过程中认真把握学习内容，结合实际应用，熟练操作，才能在施工测量中给出合格的测量报告。

7.2 GPS 测量原理

全球定位系统(GPS)是 20 世纪 70 年代由美国陆海空三军联合研制的新一代空间卫星导航定位系统。其主要目的是为陆、海、空三大领域提供实时、全天候和全球性的导航服务，并用于情报收集、核爆监测和应急通信等一些军事目的，是美国独霸全球战略的重要组成部分。后来，这项技术逐步推广为民用，为汽车、飞机、轮船等设备提供定位服务。随着科技的进步，卫星精度也得到了极大的提高，这就使定位服务应用在工程测量上得以实现。

全球定位系统不仅具有全天候、全覆盖、高精度的特点，而且具有快速、省时、高效率，应用广泛、多功能等优良性能。

7.2.1 GPS 的组成

所谓全球定位系统(Global Positioning System)，简单地说，这是一个由覆盖全球的 24 颗卫星组成的卫星系统。这个系统可以保证在任意时刻，地球上任意一点都可以同时观测到 4 颗卫星，以保证卫星可以采集到该观测点的经纬度和高度，以便实现导航、定位、授时等功能。这项技术可以用来引导飞机、船舶、车辆以及个人，安全、准确地沿着选

定位卫星.docx

定的路线，准时到达目的地。定位卫星如图7-4所示。

GPS具有高精度、高效率和低成本的优点，使其在各类大地测量控制网的加强改造和建立以及在公路工程测量和大型构造物的变形测量中得到了较为广泛的应用。

GPS由三部分组成：空间部分——GPS星座；地面控制部分——地面监控系统；用户设备部分——GPS信号接收机。

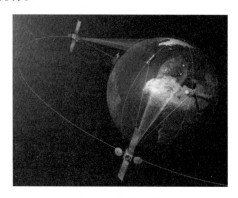

图7-4 定位卫星

1. 空间部分

GPS的空间部分是由24颗工作卫星组成的，它位于距地表20200km的上空，均匀分布在六个轨道面上(每个轨道面四颗)，轨道倾角为55°。此外，还有四颗有源备份卫星在轨运行。卫星的分布使人类在全球任何地方、任何时间都可观测到四颗以上的卫星，并能保持良好定位解析精度的几何图像。这就提供了在时间上连续的全球导航能力。GPS卫星可产生两组电码，一组称为C/A码(Coarse/ Acquisition Code11023MHz)；一组称为P码(Procise Code 10123MHz)，P码因频率较高，不易受干扰，定位精度高，因此受美国军方管制，并设有密码，一般民间无法解读，主要为美国军方服务。C/A码人为采取措施而刻意降低精度后，主要开放给民间使用。

2. 地面控制部分

地面控制部分由一个主控站、五个全球监测站和三个地面控制站组成。监测站均配装有精密的铯钟和能够连续测量到所有可见卫星的接收机。监测站将取得的卫星观测数据，包括电离层和气象数据，经过初步处理后，传送到主控站。

主控站从各监测站收集跟踪数据，计算出卫星的轨道和时钟参数，然后将结果送到三个地面控制站。地面控制站在每颗卫星运行至上空时，把这些导航数据及主控站指令注入卫星。这种注入对每颗GPS卫星每天一次，并在卫星离开主控站作用范围之前进行最后的注入。如果某地面站发生故障，那么在卫星中预存的导航信息还可用一段时间，但导航精度会逐渐降低。地面控制部分结构图如图7-5所示。

图 7-5 GPS 地面监控系统构成

3. 用户设备部分

用户设备部分即 GPS 信号接收机。其主要功能是能够捕获到按一定卫星截止角所选择的待测卫星，并跟踪这些卫星的运行。当接收机捕获到跟踪的卫星信号后，即可测量出接收天线至卫星的伪距离和伪距离的变化率，解调出卫星轨道参数等数据。根据这些数据，接收机中的微处理计算机就可按定位解算方法进行定位计算，计算出用户所在地理位置的经纬度、高度、速度、时间等信息。接收机硬件和机内软件以及 GPS 数据的后处理软件包构成完整的 GPS 用户设备。GPS 接收机的结构分为天线单元和接收单元两部分。接收机一般采用机内和机外两种直流电源。设置机内电源的目的在于更换外电源时不中断连续观测。在用机外电源时机内电池自动充电。关机后，机内电池为 RAM 存储器供电，以防止数据丢失。目前各种类型的接收机体积越来越小，重量越来越轻，更便于野外观测使用。

7.2.2 GPS 坐标系统和定位原理

1. 坐标系统

GPS 所采用的坐标系是美国国防部 1984 年世界大地坐标系，简称 WGS-84，它是一个协议地球参考系，坐标系原点在地球质心，Z 轴指向 BIH1984.0 定义的协议地球极(CTP)方向，X 轴指向 BIH1984.0 的零度子午面和 CTP 赤道的交点，Y 轴和 Z、X 轴构成右手坐标系。WGS-84 坐标系如图 7-6 所示。

CTP(Conventional Terrestrial Pole)协议地球极，其坐标是连续变化的。国际时间局 1984 年第一次公布的瞬时地极即为 WGS-84 坐标系的 Z 轴指向。

54 坐标系：新中国成立以后，我国大地测量进入了全面发展时期，在全国范围内开展了正规的、全面的大地测量和测图工作，迫切需要建立一个参心大地坐标系。由于当时的"一边倒"政治趋向，故我国采用了苏联的克拉索夫斯基椭球参数，并与苏联 1942 年坐标系进行联测，通过计算建立了我国大地坐标系，定名为 1954 年北京坐标系。因此，1954 年北京坐标系可以认为是苏联 1942 年坐标系的延伸。它的原点不在北京而是在苏联的普尔科沃。

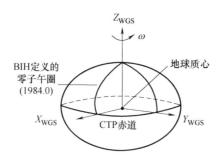

图 7-6　WGS-84 坐标系

自 54 坐标系建立以来,在该坐标系内进行了许多地区的局部平差,其成果得到了广泛的应用。但是随着测绘新理论、新技术的不断发展,人们发现该坐标系存在以下缺点。

(1) 椭球参数有较大误差。克拉索夫斯基椭球参数与现代精确的椭球参数相比,长半轴约大 109m。

(2) 参考椭球面与我国大地水准面存在着自西向东明显的系统性的倾斜,在东部地区大地水准面差距最大达+60m,致使大比例尺地图反映地面的精度受到影响,同时也对观测量元素的归算提出了严格的要求。

(3) 几何大地测量和物理大地测量应用的参考面不统一。我国在处理重力数据时采用赫尔默特 1900—1909 年正常重力公式,与这个公式相应的赫尔默特扁球不是旋转椭球,它与克拉索夫斯基椭球是不一致的,这给实际工作带来了麻烦。

(4) 定向不明确。椭球短半轴的指向既不是国际上普遍采用的国际协议(原点),也不是我国地极原点;起始大地子午面也不是国际时间局所定义的格林尼治平均天文台子午面,从而给坐标换算带来一些不便和误差。

为此,我国于 1978 年在西安召开了"全国天文大地网整体平差会议",提出了建立属于我国自己的大地坐标系,即后来的 1980 年西安坐标系。但时至今日,北京 54 坐标系仍然是在我国使用最为广泛的坐标系。

西安坐标系:该坐标系的大地原点设在我国中部的陕西省泾阳县永乐镇,位于西安市西北方向约 60km,故称 1980 年西安坐标系,又简称西安大地原点。基准面采用青岛大港验潮站 1952—1979 年确定的黄海平均海水面(即 1985 国家高程基准)。

2. 定位原理

GPS 实际上就是通过 4 颗已知位置的卫星来确定 GPS 接收器的位置,如图 7-7 所示。

音频.GPS 的测量原理.mp3

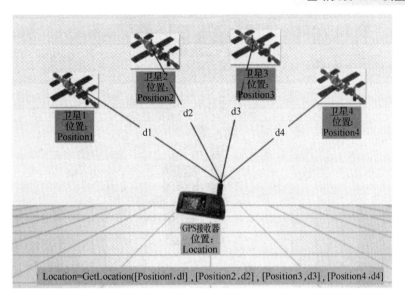

图 7-7 接收示意图

图 7-7 中的 GPS 接收器为当前要确定位置的设备，卫星 1、2、3、4 为本次定位要用到的 4 颗卫星：Position1、Position2、Position3、Position4 分别为 4 颗卫星的当前位置(空间坐标)，已知 d1、d2、d3、d4 分别为 4 颗卫星到要定位的 GPS 接收器的距离，则 GPS 接收机为要定位的卫星接收器的位置。

那么定位的过程，简单来讲就是通过一个从已知的[Position1，d1]、[Position2，d2]、[Position3，d3]、[Position4，d4] 4 对数据中求出 GPS 接收器的位置。

GPS 接收器.docx

【案例 7-2】在某新建铁路线上，已有首级控制网数据。有一隧道长 10km，平均海拔 500m，进出洞口以桥梁和另外两标段的隧道相连。为保证双向施工，需要按 GPS C 级布设平面控制网和进行二等水准测量。

结合上下文分析本工程应如何采用 GPS 进行工程测量。

7.2.3　GPS 接收机及其功能

GPS 接收机是接收全球定位系统卫星信号并确定地面空间位置的仪器。GPS 卫星发送的导航定位信号，是一种可供无数用户共享的信息资源。对于陆地、海洋和空间的广大用户，只要拥有能够接收、跟踪、变换和测量 GPS 信号的接收设备，即 GPS 信号接收机，就能接收到卫星导航定位服务。信号接收机如图 7-8 所示。

信号接收机.docx

图 7-8　信号接收机

1. 分类

1)　按接收机的用途分类

(1) 导航型接收机。

导航型接收机主要用于运动载体的导航,它可以实时给出载体的位置和速度。这类接收机一般采用 C/A 码伪距测量,单点实时定位精度较低,一般为±25mm,有 SA 影响时为±100mm。这类接收机价格便宜,应用广泛。根据应用领域的不同,此类接收机还可以进一步分为:车载型——用于车辆导航定位;航海型——用于船舶导航定位;航空型——用于飞机导航定位。飞机运行速度快,因此,在航空上用的接收机要求能适应高速运动。星载型——用于卫星的导航定位。卫星的速度高达 7km/s 以上,因此对接收机的要求更高。图 7-9 所示为车载型接收机。

图 7-9　车载型接收机

(2) 测地型接收机。

测地型接收机主要用于精密大地测量和精密工程测量。这种接收机定位精度高,仪器结构复杂,价格较贵。

(3) 授时型接收机。

授时型接收机主要利用 GPS 卫星提供的高精度时间标准进行授时，常用于天文台及无线电通信中时间同步。

2) 按载波频率分类

(1) 单频接收机。

单频接收机只能接收 L1 载波信号，测定载波相位观测值进行定位。由于不能有效消除电离层延迟影响，单频接收机只适用于短基线(<15km)的精密定位。

(2) 双频接收机。

双频接收机可以同时接收 L1、L2 载波信号。利用双频对电离层延迟的不同，可以消除电离层对电磁波信号延迟的影响，因此双频接收机可用于长达几千千米的精密定位。

3) 按接收机工作原理分类

(1) 码相关型接收机。

码相关型接收机是利用码相关技术得到伪距观测值。

(2) 平方型接收机。

平方型接收机是利用载波信号的平方技术去掉调制信号来恢复完整的载波信号，通过相位计测定接收机内产生的载波信号与接收到的载波信号之间的相位差，测定伪距观测值。

(3) 混合型接收机。

混合型接收机是综合上述两种接收机的优点，既可以得到码相位伪距，也可以得到载波相位观测值。

(4) 干涉型接收机。

干涉型接收机是将 GPS 卫星作为射电源，采用干涉测量方法，测定两个测站间的距离。

2. 测距原理

GPS 接收机是通过计量信号在卫星和接收机之间的往返时间来计算距离的。事实证明，这是一个相当精细的过程。

在某一时刻(假定是午夜)，卫星开始发送一长串称为伪随机码的数字序列。同样，接收机也在午夜开始发出相同的数字序列。当卫星信号到达接收机时，数字序列的传送会比接收机发出信号的时间稍稍滞后。

时间延迟的长度就是信号传送的时间。接收机将这一时间乘以光速就可以计算出信号传送的距离。假设信号是以直线传送的，则这一结果即为接收机到卫星的距离。

为了使这一测量法准确有效，接收机和卫星都需要可以精确到纳秒的同步时钟。为了使卫星定位系统使用同步时钟，需要在所有卫星以及接收机上都安装原子钟。但原子钟的价格为 5 万~10 万美元，对于普通消费者而言花费较高。

全球卫星定位系统使用了一个巧妙而有效的方案解决了这一难题。每一颗卫星上仍然使用昂贵的原子钟，但接收机使用的是经常需要调校的普通石英钟。简言之，接收机接收来自四颗或更多卫星的信号并计算自身的误差。换句话说，接收机使用的"当前时间"必须是唯一值。正确的时间值的意义在于，使接收机收到的所有信号就好像都来自太空中的单一点。这一时间值是所有卫星上原子钟的统一时间。因此接收机就可以将自身的时钟调整到这一时间值，进而使接收机的时间与所有卫星上的原子钟相同。GPS 接收机就可以"免费"获得原子钟的精确度。

当测量到四颗定位卫星到所处位置的距离时，就可以画出相交于一点的四个球面。即使数字有误差，三个球面仍然可能相交，但如果测量有误，四个球面就不可能相交于一点。由于接收机利用自身内置的时钟来测量所有的距离，距离测量会呈现一定的比例误差。

接收机可以轻易地计算出使四个球面相交于一点所进行的必要调整。基于此，接收机需要重新设置自身的时钟以便和卫星原子钟同步。接收机只要开启就处在不断的调整中，这也意味着接收机几乎与卫星中昂贵的原子钟一样精确。

要使用距离信息进行定位，接收机还必须知道卫星的确切位置。这并不是特别难办到的事，因为卫星运行在很高的既定轨道上。GPS 接收机储存有星历，其作用是告诉接收机每颗卫星在各个时刻所处的位置。虽然一些外在因素，如月球和太阳的引力作用，会缓慢地改变卫星运行的轨道，但美国国防部会不断监控卫星的精确位置，并把任何调整信息都作为卫星信号的一部分传送给所有的 GPS 接收机。

虽然这一系统工作性能不错，但错误还是会不时发生。其中一个原因是，这一测量方式是建立在一种假设上的，即无线电信号会匀速(光速)穿过大气层。事实上，地球大气层在一定程度上减慢了电磁能量的传播速度，特别是当电磁信号进入电离层和对流层时。延迟状况因在地球上所处地点的不同而不同，这意味着很难将这一因素准确地纳入距离的计算中去。难题还在于无线电信号可能被大型物体反弹回去，例如摩天大楼，这将导致接收机计算出的与卫星的距离比实际的距离要远。最糟的情况是，有时卫星会发送错误的星历数据，误报自己的位置。

差分 GPS(DGPS)有助于纠正此类错误。其基本原理是，用一个已知位置的固定接收机站来测算 GPS 的误差。由于机站的 DGPS 硬件已经知道它自己的位置，它可以很容易地计算出它覆盖范围内的接收机的误差。该机站会向所在区域内所有装配 DGPS 的接收机发送无线电信号，为这一区域提供信号纠正信息。一般而言，能获得这些纠正信息使 DGPS 接收机比普通的接收机要精确得多。

GPS 接收机最基本的功能就是接收来自至少四颗卫星的信号，并且将这些信号中的信息与电子星历的信息相结合以计算出接收机在地球上的位置。

一旦接收机计算完毕，它就可以给出目前所处位置的经度、纬度和海拔(或与之类似的测量信息)。为了使导航更加人性化,大多数接收机会把这些原始数据标注在存储于内存中的地图文件上。

7.2.4 GPS 测量的实施

GPS 测量外业实施包括 GPS 点的选埋、观测、数据传输及数据预处理等工作。

1. 选点

由于 GPS 测量观测站之间不一定要求相互通视,而且图形结构也比较灵活,所以选点工作比常规控制测量的选点要简便。但由于点位的选择对于保证观测工作的顺利进行和保证测量结果的可靠性有着重要的意义,所以在选点工作开始前,除收集和了解有关测区的地理情况和原有测量控制点分布及标架、标型、标石完好状况,决定其适宜的点位外,选点工作还应遵循以下原则。

(1) 点位应设在易于安装接收设备、视野开阔的较高点上。

(2) 点位目标要显著,视场周围 15°以上不应有障碍物,以减少 GPS 信号被遮挡或障碍物吸收。点位应远离大功率无线电发射源(如电视台、微波站等),其距离不小于 200m。

(3) 远离高压输电线,其距离不得小于 50m。以避免电磁场对 GPS 信号的干扰。点位附近不应有大面积水域或强烈干扰卫星信号接收的物体,以减弱多路径效应的影响。

(4) 点位应选择在交通方便、有利于其他观测手段扩展与联测的地方。

(5) 地面基础稳定,易于点位的保存。

(6) 选点人员应按技术设计进行踏勘,在实地按要求选定位。

(7) 网形应有利于同步观测边、点联结。

(8) 当所选点位需要进行水准联测时,选点人员应实地踏勘水准路线,提出有关建议。

(9) 当利用旧点时,应对旧点的稳定性、完好性,以及觇标是否安全、是否可用做一次检查。符合要求方可利用。

2. 标志埋设

GPS 网点一般应埋设具有中心标志的标石,以精确标志点位,点的标石和标志必须稳定、坚固以利长期保存和利用。在基岩露头地区,也可直接在基岩上嵌入金属标志。每个点位标石埋设结束后,应提供以下资料。

(1) 点之记(记载大地点位情况)。

(2) GPS 网的选点网图。

(3) 土地占用批准文件与测量标志委托保管书。

(4) 选点与埋石工作技术总结。

点名一般可取村名、山名、地名、单位名，应向当地政府部门或群众进行调查后确定。利用原有旧点时点名不宜更改，点名编排应适应计算机使用。

3. 观测工作

(1) 观测工作依据的主要技术指标。

(2) GPS 观测与常规测量在技术要求上有很大差别，对城市及工程 GPS 控制在作业中应按有关技术指标执行。

(3) 天线安装：在正常点位，天线应架设在三脚架上，并安置在标志中心的上方直接对中，天线基座的圆水准气泡必须整平。在特殊点位，当天线需要安置在三角点觇标的观测台或回光台上时，应先将觇标顶拆除，以防止对 GPS 信号的遮挡。这时可将标志中心反投影到观测台或回光台，作为安置天线的依据。如果觇标顶部无法拆除，接收天线若安置在标架内观测，就会导致卫星信号中断，影响 GPS 的测量精度。在这种情况下，可进行偏心观测。偏心点选在离三角点 100m 以内的地方，归心元素应以解析法精密测定。

天线的定向标志线应指向正北，并顾及当地磁偏角的影响，以减弱相位中心偏差的影响。天线定向误差依定位精度不同而异，一般不应超过±3°～5°。

刮风天气安置天线时，应将天线进行三方向固定，以防倒地碰坏。雷雨天气安置天线时，应注意将其底盘接地，以防雷击天线。

架设天线不宜过低，一般应距地面 1m 以上。天线架设好后，在圆盘天线间隔 120°的三个方向分别量取天线高，三次测量结果之差不应超过 3mm，取其三次结果的平均值记入观测手簿中，天线高记录取值 0.001m。

测量气象参数：在高精度 GPS 测量中，要求测定气象元素。每时段气象观测应不少于 3 次(时段开始、中间、结束)。气压读至 0.1mbar，气温读至 0.1°，对不平衡城市及工程测量只记录天气状况。

复查点名并记入观测手簿中，将天线电缆与仪器进行连接，经检查无误后，方能通电启动仪器。

(4) 开机观测：观测作业主要是捕获 GPS 卫星信号，并对其进行跟踪、处理和量测，以获得所需要的定位信息和观测数据。

天线安置完成后，在离开天线适当位置的地面上安放 GPS 接收机主机，接通接收机与电源、天线、控制器的连接电缆，并经过预热和静置，即可启动接收机进行观测。

接机锁定卫星并开始记录数据后，观测员可按照仪器随机提供的操作手册进行输入和查询操作，在未掌握有关操作系统之前，不要随意按键和输入，一般在正常接收过程中禁止更改任何设置参数。通常来说，在外业观测工作中，仪器操作人员应注意以下事项。

① 当确认外接电源电缆及天线等各项连接完全无误后，方可接通电源，启动接收机。

② 开机后接收机有关指示显示正常并通过自检后，方能输入有关测站和时段控制信息。

③ 接收机在开始记录数据后，应注意查看有关观测卫星数量、卫星号、相位测量残差、实时定位结果及其变化、存储介质记录等情况。

④ 一个时段观测过程中，不允许进行这些操作：关闭又重新启动；进行自测试(发生故障除外)；改变卫星高度角；改变天线位置；改变数据采样间隔；按动关闭文件和删除文件等功能键。

⑤ 每一个观测时段中，气象元素一般应在始、中、末各观测记录一次，当时段较长时可适当增加观测次数。

⑥ 在观测过程中要特别注意供电情况，除在出测前认真检查电池容量是否充足外，作业中观测人员不要远离接收机，听到仪器的低电压报警要及时予以处理，否则可能会导致仪器内部数据的破坏或丢失。对观测时段较长的观测工作，建议尽量采用太阳能电池板或汽车电瓶进行供电。

⑦ 仪器高一定要按规定始、末各量测一次，并及时输入仪器及记入测量手簿之中。

⑧ 在观测过程中不要靠近接收机使用对讲机；雷雨季节架设天线要防止雷击，雷雨过境时应关机停测，并卸下天线。

⑨ 观测站的全部预定作业项目，经检查均已按规定完成，且记录与资料完整无误后方可迁站。观测过程中要随时查看仪器内存或硬盘容量，每日观测结束后，应及时将数据转存至计算机硬盘、软盘上，以确保观测数据不丢失。

4. 观测记录

在外业观测工作中，所有信息资料均须妥善记录。记录形式主要有以下两种。

(1) 观测记录由 GPS 接收机自动进行，均记录在存储介质上，其主要内容有：载波相位观测值及相应的观测历元；同一历元的测码伪距观测值；GPS 卫星星历及卫星钟差参数；实时绝对定位结果；测站控制信息及接收机工作状态信息。

(2) 观测手簿：观测手簿是在接收机启动前及观测过程中，由观测者随时填写的。观测记录和观测手簿都是 GPS 精密定位的依据，必须认真、及时填写，坚决杜绝事后补记或追记。

本章小结

本章着重介绍了全站仪与 GPS 在工程测量方面的相关原理以及应用，同学们需要认真把握，尤其是本章介绍测量仪器在实际施工中的应用。同时也需认真体会相关测量原理，做到理论与实际相结合，不能只局限于书本上的理论概念。在实际应用中灵活应变，认真实施，在工程测量过程中物尽其用，力求获得最准确的测量数据。

实训练习

一、单选题

1. 现场重新启用被封存的全站仪,必须( ),方可使用。
   A. 确认其有合格证后　　　　　　B. 经检定合格后
   C. 经主管领导同意后　　　　　　D. 确认封存前是合格的

2. 全站仪的检定周期为( )。
   A. 1年　　　　B. 2年　　　　C. 3年　　　　D. 4年

3. 实现GPS定位至少需要( )颗卫星。
   A. 三　　　　B. 四　　　　C. 五　　　　D. 六

4. 不是GPS卫星星座功能的是( )。
   A. 向用户发送导航电文　　　　　B. 接收注入信息
   C. 适时调整卫星姿态　　　　　　D. 计算导航电文

5. 下列选项中,不包括在全站仪的测距类型中的是( )。
   A. 倾斜距离　　B. 平面距离　　C. 高差　　D. 高程

二、多选题

1. 全站仪由( )组成。
   A. 电子测距仪　　　　B. 光学经纬仪　　　　C. 电子经纬仪
   D. 电子记录装置　　　E. 水准器

2. 下列关于GPS测量说法,正确的有( )。
   A. GPS指的是全球定位系统
   B. GPS分为空间部分、地面部分和用户终端部分
   C. GPS测量不受外界环境影响
   D. GPS可用于平面控制测量
   E. GPS分为静态测量和动态测量

3. 下列关于全站仪的说法,正确的有( )。
   A. 全站仪可以直接得到水平距离
   B. 全站仪采用方位角定向,应设置测站至后视点方位角
   C. 全站仪可以用来测量高差
   D. 全站仪可以进行极坐标放样
   E. 全站仪可以直接测得方位角

4. 用全站仪进行距离或坐标测量前，需要设置(　　)。

    A. 乘常数　　　　　　B. 湿度　　　　　　C. 棱镜常数

    D. 风速　　　　　　　E. 大气改正值

5. GPS 由以下哪几部分组成？(　　)

    A. 空间部分　　　　　B. 地面控制部分　　C. 用户部分

    D. 传输部分　　　　　E. 以上都是

三、简答题

1. 全站仪具有什么特点？
2. 简述 GPS 的工作原理。
3. 全站仪与 GPS 在工程测量中各自发挥什么作用？

第 7 章课后答案.docx

建筑工程测量

实训工作单一

班级		姓名		日期	
教学项目		现场学习全站仪的使用及检验、校正			
任务	学会使用全站仪,熟悉全站仪的检验及校正	学习途径		具体工程,具体点位使用全站仪进行测量	
学习目标		熟练使用全站仪			
学习要点		全站仪使用			
现场学习记录					
评语				指导老师	

实训工作单二

班级		姓名		日期	
教学项目		GPS 测量			
任务	掌握 GPS 的测量	学习途径	本书中的案例或自行查找相关书籍		
学习目标		熟悉 GPS 的测量原理及测量实施			
学习要点		GPS 的测量			
学习记录					
评语				指导老师	

第 8 章　大比例地形图的测绘与应用

【教学目标】

- 了解大比例尺地形图的测绘方法。
- 掌握大比例尺地形图的应用。
- 熟悉地形图的基本应用。

第 8 章　大比例地形图的测绘与应用.pptx

【教学要求】

本章要点	掌握层次	相关知识点
大比例尺地形图的测绘及应用	掌握地形图的比例尺	地形图的识读
地形图的应用	了解地形图在工程建设中的应用	地形图的基本应用

大比例地形图的测绘与应用.mp4

【案例导入】

已知，工程任务：需遵照国家颁布的 CJJ/T8—2011《城市测量规范》对该测区进行 1∶1000 数字地形图测绘，工期 60 天。

1. 已有资料情况

(1) 本工程收集到国家二等点×××、D 级 GPS 点×××作为本工程平面控制起算点。

(2) 本工程收集到两个国家一等水准点×××和×××，系 1956 黄海高程系成果，作为本工程高程控制起算点。

2. 坐标系统、高程系统和基本等高距、图幅分幅

(1) 平面采用 2000 国家大地坐标系，高程采用 1985 国家高程基准。

(2) 基本等高距 1.0m。

(3) 图幅采用 50cm×50cm 正方形分幅；图幅号采用图幅西南角坐标 x、y 的千米数表示，x 坐标在前，y 坐标在后，中间以短线相连；图幅内有明显地形、地物名的应标注图名。

3. 提交成果资料

(1) 技术设计书。

(2) 仪器检验校正资料。

(3) 控制网网图。

(4) 控制测量外业资料。

(5) 控制测量计算及成果资料。

(6) 所有测量成果及图件电子文件。

【问题导入】

图根点的测量常用哪些方法完成？简要叙述一种图根测量的作业流程。

8.1 大比例尺地形图的测绘

8.1.1 概述

1. 地形图基本概念

地形图是按照一定的投影法则，使用专门符号，经过测绘综合，将地球表面缩小在平面的图件；或者是存储在数据库中的地理数据模型，如图 8-1 所示。

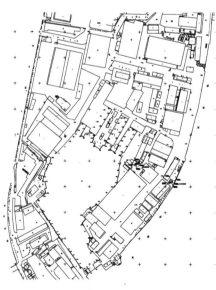

图 8-1 地形图

地形图.docx

音频.地图与地形图的区别.mp3

2. 地形包括地物和地貌

地物：各种天然或人工的固定物体地形。

地貌：地球表面有高低起伏的形态。

3. 地形图的表示内容

(1) 地物要素：房屋、道路、河流、线路。

(2) 地貌要素：山地、丘陵。

(3) 文字注记：坐标、高程、控制点号、地物、地貌名称等。

(4) 图廓整饰注记：图名，图号，图幅结合表，坐标、高程系统。

8.1.2 地形图的比例尺

1. 地形图比例尺的概念

地形图上任一线段的长度与它所代表的实地水平距离之比，称为地形图比例尺。

2. 比例尺的种类

音频.比例尺的分类和用途.mp3

(1) 数字比例尺。

地图上任意线段长度 d 与地面相应线段的水平距离 D 之比，并用分子为 1 的整分数形式表示，即

$$\frac{d}{D} = \frac{1}{\dfrac{D}{d}} = \frac{1}{M} = 1 : M \tag{8-1}$$

式中，M 称为比例尺分母。

比例尺的大小是以比例尺的比值来衡量的。比例尺分母 M 越小、比例尺越大，比例尺越大，表示地物地貌越详尽。数字比例尺通常标注在地形图下方。

(2) 图示比例尺。

图示比例尺又称图解比例尺，是以图形的方式来表示图上距离与实地距离关系的一种比例尺形式。它又可分为直线比例尺、斜线比例尺和投影比例尺三种。

图示比例尺中最常见的是直线比例尺，如图 8-2 所示。用一定长度的线段表示图上的实际长度，并按地形图比例尺计算出相应地面上的水平距离标注在线段上，称为直线比例尺。

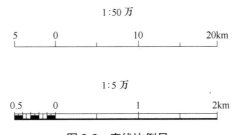

图 8-2　直线比例尺

8.1.3 大比例地形图的测绘

按一定法则,有选择性地在平面上表示地球表面各种自然现象和社会现象的图,通称地图。按内容,地图可分为普通地图及专题地图。普通地图是综合反映地面上物体和现象一般特征的地图,内容包括各种自然地理要素(例如水系、地貌、植被等)和社会经济要素(例如居民点、行政区划及交通线路等),但不突出表示其中的某一种要素。专题地图是着重表示自然现象或社会现象中的某一种或几种要素的地图,如地籍图、地质图和旅游图等。本章主要介绍地形图,它是普通地图的一种。地形图是按一定的比例尺,用规定的符号表示地物、地貌平面位置和高程的正射投影图。

1. 测图前的准备工作

1) 图纸的准备

测绘地形图的图纸,以往都是采用优质绘图纸。为了避免图纸的变形,一般将图纸裱糊在锌板、铝板或胶合板上。作业单位多采用聚酯薄膜代替绘图纸。

聚酯薄膜是一面打毛的半透明图纸,其厚度为 0.07~0.1mm,伸缩率很小,且坚韧耐湿,沾污后可洗,可直接在图纸上着墨,复晒蓝图。但聚酯薄膜图纸怕折、易燃,在测图、使用和保管时应注意防折防火。

对于临时性测图,应选择质地较好的绘图纸,可直接固定在图板上进行测图。

2) 坐标格网的绘制

为了精确地将控制点展绘在测图纸上,首先要在图纸上精确地绘制 10cm×10cm 的直角坐标方格网。绘制直角坐标格网的方法有对角线法、坐标格网尺法及计算机绘制等。另外,有一种印有坐标方格网的聚酯薄膜图纸,使用起来更为方便。

3) 控制点的展绘

根据平面控制点坐标值,将其点位在图纸上标出,称为展绘控制点。

控制点展绘后,应进行检核,用比例尺在图上量取相邻两点间的长度,和已知的距离相比较,其差值不得超过图上的 0.3mm,否则应重新展绘。

2. 碎部测量

1) 碎部测量的两个概念

(1) 图根点:图根控制点——碎部测量依据、基准点。

(2) 碎部点:碎部特征点——地物特征点和地貌特征点。地物特征点反映地物的平面位置、形状、性质等;地貌特征点也称地形点,主要体现地貌形态、性质等。

2) 碎部测量的几种方法

经纬仪测绘法(光学速测法),光电测距仪测绘法,小平板仪与经纬仪联合测图法,全站仪测绘法,大平板仪、数字测图等。

经纬仪测绘法:经纬仪测绘法的实质是按极坐标定点进行测图,观测时先将经纬仪安置在测站上,绘图板安置在测站旁,用经纬仪测定碎部点的方向与已知点方向之间的夹角,然后根据测定资料用量角器和比例尺把碎部点的位置展绘在图纸上,并在点的右侧注明其高程,再对照实地描绘地形。此法操作简单,灵活,适于各类地区的地形图测绘。

经纬仪测绘碎部步骤如下所述。

① 安置仪器:安置仪器(见图8-3)于测站点(控制点A),如图8-4所示,量取仪器高i,填入手簿中。

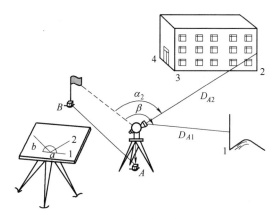

图8-3 经纬仪配合量角器测图

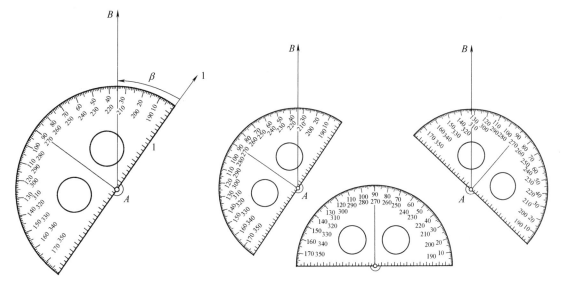

图8-4 使用量角器展绘控制点

② 定向:置水平度盘读数为0°00′00″后视另一控制点B。

③ 立尺:立尺员依次将尺立在地物、地貌特征点上。立尺前,立尺员应弄清实测范围和实地情况,选定立尺点,并与观测员、绘图员共同商定跑尺路线。

④ 观测：转动照准部，瞄准点1的标尺，读视距间隔1，中丝读数 V，竖盘读数 L 及水平角。

⑤ 记录：将测得的视距间隔、中丝读数、竖盘读数及水平角依次填入手簿。对有特殊作用的碎部点应在备注外加以说明。

⑥ 计算：依视距 $K \cdot l$，竖盘读数 L 或竖角 α，用计算器计算出碎部点的水平距离和高程。

⑦ 展绘碎部点：

$$D = K \cdot l \times \cos^2 \alpha \tag{8-2}$$

$$H_i = H_0 + \frac{1}{2} \times K \cdot l \sin 2\alpha + i - v \tag{8-3}$$

【案例8-1】某水库规划为城市供水，需进行水库地区地形测量。测区面积15km², 为丘陵地区，海拔高50～120m。山上灌木丛生，通视较差。需遵照《城市测量规范》1：1000 地形图，工期60天。

已有资料：国家二等三角点1个、D级GPS点1个，国家一等水准点2个，作为平面和高程控制起算点。

坐标和高程系统、基本等高距、图幅分幅：采用54北京坐标系和1956年黄海高程系，基本等高距1.0m，50cm×50cm矩形分幅。

结合上下文分析碎部测量的控制要点。

3. 地形图的绘制

地物和地貌的测绘是以控制点为基础进行的，因此在测图之前应首先在测区建立平面和高程控制网。每幅图中控制点应具有一定的密度，要根据测图比例尺和地形复杂的程度而定。当测区内已有的控制点不能满足测图需要时，可以在控制点的基础上加密图根点，加密图根点的方法有导线测量、经纬仪交会及视距导线等。

平坦开阔地区图根点的密度如表8-1所示。

表8-1 平坦开阔地区图根点的密度

测图比例尺	每幅图图根点数	每平方公里图根点数
1：5000	20	5
1：2000	15	15
1：1000	12～13	50
1：500	9～10	150

1) 地物的绘制

若干碎部点测好之后，应随即用铅笔勾绘起来。地物的勾绘比较简单，如房子就可随测随绘。而道路、河流的弯曲部分则要逐点连成光滑曲线；水井、独立树等地物也可在图上标明，其中心位置，可先画个记号待将来整图时再用规定符号表示。

2) 地貌的绘制

地貌主要用等高线来表示。对于不能用等高线表示的特殊地貌，如陡崖、悬崖、冲沟、雨裂等，可按图式规定符号绘制。如图 8-5 所示，在图纸上测定了许多地貌特征点和一般高程点，下面说明等高线勾绘的过程。

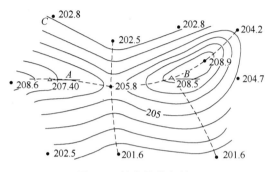

图 8-5　等高线的勾绘

首先在图上连山脊线、山谷线等地形线，用虚线表示。由于图上等高线的高程必须是等高距的整数倍，而碎部点的高程一般不是整数，因此需要在相邻点之间用内插法定出等高线的通过点。等高线勾绘的前提是两相邻碎部点之间坡度是均匀的，因此两点之间平距与高差成正比，内插出各条等高线的通过点。在实际工作中，内插等高线通过点可采用解析法、图解法和目估法，其中目估法最常用。目估法是采用"先取头定尾，后中间等分"的方法。例如，图 8-5 中地面上两碎部点高程分别为 201.6m 和 205.8m，基本等高距为 1m，则首尾等高线的高程为 202m 和 205m，然后将首尾两等高线 3 等分，得到 2 条等高线，高程分别为 203m 和 204m。用同样的方法定出相邻两碎部点之间等高线的通过点。最后把高程相同的点用光滑的曲线连接起来，勾绘出等高线。首曲线用细实线表示；计曲线用粗实线表示，并注记高程。

8.1.4　地形图的识读

地面上的各种固定物体，如房屋、道路、河流和田地等称为地物，地表面高低起伏的形态，如高山、丘陵、洼地等称为地貌。地物和地貌合称为地形。依据一定的数学法则，将地面上各种地物的平面位置按一定比例尺，用规定的符号缩绘在图纸上，并注有代表性的高程点，这样形成的图可称为平面图。如果既表示出各种地物，又用等高线表示出地貌的图，可称为地形图。

1. 比例尺精度

人眼在图上能分辨的最小距离为 0.1mm，因此在地形图上 0.1mm 所代表的地面上的实地距离称为比例尺精度，即比例尺精度=0.1m。

根据比例尺精度可以知道地面上量距应准确到什么程度，比例尺越大，表示地形变化的状况越详细，精度越高。所以测图比例尺应根据用图的需要来确定，工程常用的几种大比例尺地形图的比例尺精度，如表8-2所示。

表8-2　常用的几种大比例尺地形图的比例尺精度

比例尺	1∶500	1∶1000	1∶2000	1∶5000
比例尺精度/m	0.05	0.10	0.20	0.50

2. 地物和地貌识图

在不同比例尺的地形图上，地物、地貌是用不同的地物符号和地貌符号表示的。要正确识别地物、地貌，阅读前应先熟悉测图所采用的地形图图式。

1) 地物识别

地物识别的目的是了解地物的大小种类、位置和分布情况。按照地物符号先识别大的居民点、主要交通要道和大河流的分布及其流向和图中需要的重要地物，然后扩大再识别小的居民点、次要交通路线等。通过综合分析，可对地形图的地物有全面的了解。

2) 地貌识别

地貌识别的目的是了解各种地貌的分布和地面的高低起伏状态，主要根据基本地貌的等高线特征和特殊地貌的符号进行。有河流时可找出山谷、山脊系列，无河流时可根据相邻山头找出山背。再按照"两山谷间必有一山脊，两山脊之间必有一山谷"的特征，可识别山脊和山谷的分布情况。再结合特征地貌和等高线的疏密，便可清楚了解地形图上的地貌情况。

3. 大比例尺地形图的分幅和编号

为了便于测绘、保管和使用，需要将大面积的地形图进行统一分幅、编号。大比例尺地形图的图幅大小一般为 50cm×50cm、40cm×50cm、40cm×40cm。各种比例尺地形图的图幅大小如表8-3所示。

表8-3　各种比例尺地形图的图幅大小

比例尺	矩形分幅		正方形分幅		
	图纸大小/(cm×cm)	实地面积/km²	图纸大小/(cm×cm)	实地面积/km²	一幅1∶5000图所含幅数
1∶5000			40×40	4	1
1∶2000	50×40	0.8	50×50	1	4
1∶1000	50×40	0.2	50×50	0.25	16
1∶500	50×40	0.05	50×50	0.0624	64

大比例尺地形图的编号有以下 3 种方式。

1) 按该图幅西南角的坐标进行编号

一幅 1∶1000 比例尺地形图的图幅，其图幅号为 40.0～32.0。编号时 1∶2000、1∶1000 比例尺地形图坐标取至 0.1km，1∶500 比例尺地形图坐标取至 0.01km。

2) 按象限号、行号、列号进行编号

在城市测量中，地形图一般以城市平面直角坐标系统的坐标线划分图幅，矩形图幅常采用东西 50cm，南北 40cm。城市 1∶10000 地形图的编号是象限号、行号、列号，例如某图的编号为 V-1-2。

一幅 1∶10000 地形图包括 25 幅 1∶2000 地形图，所以 1∶2000 地形图的编号为 IV-1-2-[1]，[2]，…，[25]。一幅 1∶10000 地形图包括 100 幅 1∶1000 地形图，所以 1∶1000 地形图的编号为 V-1-2-1，2，…，100。

3) 流水编号

在工程建设和小区规划中，还经常采用自由分幅按流水编号法。流水编号是按照从左到右、从上到下的顺序，用阿拉伯数字进行编号。

【案例 8-2】任务：××测绘单位通过招标承担了××镇的 1∶1000 数字地形图测绘工程。

测区概况：本测区面积约 20km^2。测区内约 70%为平原地区、约 30%为丘陵地区；平原地区主要有村庄和耕地，丘陵地区主要有村庄、山坡地和山丘，山丘较高，山沟较深，但山上树木不多，以灌木为主。

测区既有资料：测区内有国家二等点 2 个、D 级 GPS 点 4 个、国家二等水准点 4 个，这些点可作为本工程平面、高程控制起算点。

设备：测绘单位用于该工程的测量设备有：GPS 接收机 4 台套、2″全站仪 4 台套、s3 光学水准仪 2 台。

试简述该测区碎部点的选择方法。

8.2 地形图的应用

8.2.1 地形图的基本应用

1. 在图上确定某点坐标

大比例尺地形图上绘有 10cm×10cm 的坐标格网，并在图廓的西南边上注有纵横坐标值，如图 8-6 所示。

按地形图比例尺量出：af=60.7m，ap=48.6m

音频.地形图的应用.mp3

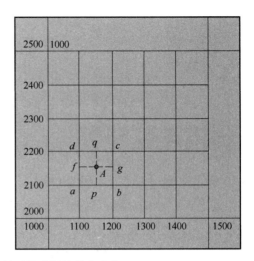

图 8-6 地形图应用的基本内容(一)

则 A 点的坐标为

$$x_A = x_a + af = 2100\text{m} + 60.7\text{m} = 2160.7\text{m} \tag{8-4}$$

$$y_A = y_a + ap = 1100\text{m} + 48.6\text{m} = 1148.6\text{m} \tag{8-5}$$

如果精度要求较高，则应考虑图纸伸缩的影响，此时还应量出 ab 和 ad 的长度。设图上坐标方格边长的理论值为 $l(l=100\text{mm})$，则 A 点的坐标可按下式计算，即：

$$x_A = x_a + \frac{l}{ab}af \tag{8-6}$$

$$y_A = y_a + \frac{l}{ad}ap \tag{8-7}$$

2. 在图上确定两点间的水平距离

在图上确定两点间的水平距离，如图 8-7 所示。

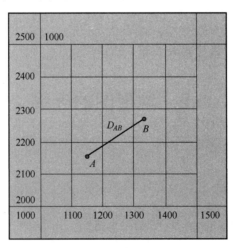

图 8-7 地形图应用的基本内容(二)

1) 解析法

先求出图上 A、B 两点坐标 (x_A, y_A) 和 (x_B, y_B)，然后按坐标反算，计算 AB 的水平距离。

$$D_{AB} = \sqrt{(x_B - x_A)^2 + (y_B - y_A)^2} \tag{8-8}$$

2) 图解法

用两脚规在图上直接卡出 A、B 两点的长度，再与地形图上的直线比例尺比较，即可得出 AB 间的水平距离。当精度要求不高时，可用比例尺直接在图上量取。

3. 在图上确定某一直线的坐标方位角

在图上确定某一直线的坐标方位角，如图 8-8 所示。

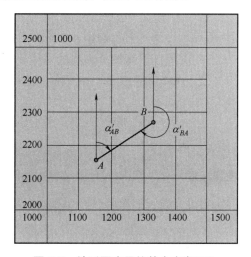

图 8-8 地形图应用的基本内容(三)

1) 解析法

如果 A、B 两点的坐标已知，可按坐标反算公式计算 AB 直线的坐标方位角。

$$\alpha_{AB} = \arctan\frac{y_B - y_A}{x_B - x_A} = \arctan\frac{\Delta y_{AB}}{\Delta x_{AB}} \tag{8-9}$$

2) 图解法

当精度要求不高时，可由量角器在图上直接量取其坐标方位角。AB 的坐标方位角为：

$$\alpha_{AB} = \frac{1}{2}(\alpha'_{AB} + \alpha'_{BA} \pm 180°) \tag{8-10}$$

4. 在图上确定任意一点的高程

1) 点在等高线上

如果点在等高线上，则其高程即为等高线的高程，如图 8-9 所示。

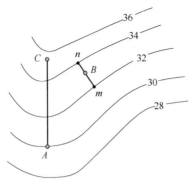

图 8-9　确定地面点的高程

2) 点不在等高线上

如果点位不在等高线上，则可按内插求得。如图 8-9 所示，B 点位于 32 和 34 两条等高线之间，这时可通过 B 点作一条大致垂直于两条等高线的直线，分别交等高线于 m、n 两点，在图上量取 mn 和 mB 的长度，又已知等高距为 $h=1m$，则 B 点相对于 m 点的高差 h_{mB} 为：

$$h_{mB} = \frac{mB}{mn}h \tag{8-11}$$

通常，根据等高线用目估法可确定图上点的高程。

5. 在图上确定某一直线的坡度

在地形图上求得直线的长度以及两端点的高程后，可按下式计算该直线的平均坡度 i，即：

$$i = \frac{h}{d \cdot M} = \frac{h}{D} \tag{8-12}$$

式中，d 为图上量得的长度，m；M 为地形图比例尺分母；h 为直线两端点间的高差，m；D 为直线实地水平距离，m。

坡度有正负号，"+"表示上坡，"-"表示下坡，常用百分率(%)或千分率(‰)表示。

8.2.2　地形图在工程建设中的应用

1. 绘制地形断面图

在进行道路、隧道、管线等工程设计时，往往需要了解两点之间的地面起伏情况，这时可根据等高线地形图来绘制地形断面图，如图 8-10 所示。

地形断面图.docx

在地形图上作起、终两点的连线，与各等高线相交，各交点的高程即各等高线的高程，而各交点离起点的平距可在图上用比例尺量得。作地形断面图时，在毫米方格纸上设定纵、横轴线，以横轴方向表示平距，以纵轴方向表示高程，按各交点的平距和高程绘制出断面图。为了能很明显地表示出地面的高低起伏，断面图上的高程作图比例尺可以比平距作图比例尺大 5～10 倍。

图 8-10 公园景观断面图

2. 确定地面汇水范围

在设计道路、涵洞、桥梁、排水管道等工程中，要知道将来通过这些工程建设的最大雨水流量，因此需要确定地面汇水范围。汇水范围的边界线由一系列分水线连接而成。

3. 平整场地

平整成水平场地时，可按设计水平场地的高程在等高线地形图上内插出该设计高程的等高线，此即填、挖边界线，原地面高于该等高线的即为挖方区，低于该等高线的即为填方区。再在地形图上作 2cm 的方格，求出各方格顶点的高程，按与场地设计高程的高差，求得各方格顶点的填、挖数值；最后可求得填、挖土方量。

平整成指定坡度的倾斜面场地时，按倾斜平面的等高线是一组等间距的平行线的原理，在地形图上可作出这组设计的平行线，各平行线与原地面等高线相交之点相连，即为填、挖边界线，据此可以确定填方区与挖方区以后计算类似于水平场地的平整。

【案例8-3】某市由于城市的迅速发展，中心城市与东部卫星城间交通压力日益加重，为此拟建一条按高速公路标准，时速 80km/h 的城市快速路，线路长 12km。初测阶段，需测绘规划路沿线 1：500 带状地形图，宽度为规划红线外 50m，遇规划及现状路口加宽 50m，同时调查绘图范围内地下管线。定测阶段，进行中线测量和纵横断面测量。

结合上文说明地形图在工程建设中的应用。

本章小结

通过学习本章的内容，同学们可以了解大比例尺地形图的测绘；掌握大比例尺地形图的应用；熟悉地形图的基本应用。通过本章的学习，同学们可以对建筑测量有一个基本的认识，为以后继续学习建筑测量相关知识打下基础。

实训练习

一、单选题

1. 下列不属于地形测绘常用方法的有( )。
   A. 直角坐标法　　　　　　　　B. 经纬仪测绘法
   C. 大平板仪法　　　　　　　　D. 经纬仪和小平板仪联合法

2. 视距测量中，视线水平时，视距测量公式 $h=$( )。
   A. $i-v$　　　B. $v-i$　　　C. $Kl+i-v$　　　D. $Kl-i+v$

3. 等高距是指相邻两等高线之间的( )。
   A. 水平距离　　B. 高差　　C. 坡度　　D. 垂直距离

4. 等高线平距是指相邻两等高线之间的( )。
   A. 高差　　B. 水平距离　　C. 倾斜距离　　D. 坡度

5. 当地物较小，不能按比例尺绘制时，常用( )来表示。
   A. 比例符号　　　　　　　　B. 半依比例符号
   C. 非比例符号　　　　　　　D. 非半依比例符号

二、多选题

1. 碎部点平面位置的测绘方法有( )。
   A. 极坐标法　　　B. 距离交会法　　　C. 直角坐标法
   D. 方向交会法　　E. GPS 测量

2. 地形图测绘的方法有( )。
   A. 经纬仪测绘法　　　　　　B. 小平板仪与经纬仪联合测绘法
   C. 大平板仪测绘法　　　　　D. 摄影测量及全站式电子速测仪测图
   E. GPS 测量

3. 测图前的准备工作包括( )。
   A. 图纸准备　　　B. 绘制坐标方格网　　　C. 展绘控制点
   D. 熟悉图式　　　E. 仪器安设

4. 经纬仪测图在一个测站上的测绘步骤是( )。
   A. 安置仪器　　　B. 立尺、观测　　　C. 记录与计算
   D. 展绘碎部点　　E. 仪器校核

5. 航测成图由于地形的不同和测图要求的不同，目前主要采用的成图方法有( )。
   A. 综合法　　　B. 微分法　　　C. 全能法

D. 差分法　　　　E. 水准测量法

三、简答题

1. 试述用经纬仪测绘法在一个测站上测绘地形图的工作步骤。
2. 简述在视距测量中，对一个碎部点进行观测的步骤。
3. 平板仪的安置包括哪几项？其中哪一项最为重要？为什么？

第 8 章课后答案.docx

实训工作单一

班级		姓名		日期	
教学项目		大比例尺地形图的测绘			
任务	熟悉大比例尺地形图的测绘		工具	相关书籍或拓展资源	
其他项目					
学习记录					
评语				指导老师	

实训工作单二

班级		姓名		日期	
教学项目		地形图的应用			
任务	掌握地形图的识读并可以简单应用		工具	相关书籍或其他拓展资源	
其他项目					
学习记录					
评语				指导老师	

第 9 章　小区域控制测量

【教学目标】

- 了解控制网的基本知识。
- 熟悉导线测量的外业工作。
- 掌握 GPS 的工作原理。
- 了解交会测量内容。

控制测量.mp4　　　　第 9 章　小区域控制测量.pptx

【教学要求】

本章要点	掌握层次	相关知识点
控制测量概述	掌握控制测量概念	高程控制网、平面控制网
导线测量	熟悉导线测量的外业工作	踏勘选点及建立标志、量边、测角和联测
GNSS 控制网	掌握 GPS 工作原理	GPS 的组成、GPS 控制网布设原理与方式
交会测量	了解交会测量的三种方法	测角前方交会法、侧边前方交会法、测角后方交会法

【案例导入】

外业生产已逐步采用全站仪代替经纬仪和测距仪作业方式，从原先的操作机械仪器，靠目测记录数据和计算，手工绘制外业白纸图迅速转变为直接采用电子仪器记录和存储数据，数据直接提供内业使用。此外，内业生产已全面使用计算机进行图形、图像以及相关的数据处理，使内业处理工作更加方便简单。随着电子技术、计算机技术及现代测绘技术的发展，GPS 技术给传统的大地测量技术带来了革命性的变化。GPS 技术以其精度高、速度快、费用省、操作简便等优势被广泛应用于各种测绘工作中。尤其是在各种等级的控制测量方面，GPS 技术已经基本取代了常规控制测量而成为主要测量手段。本章将以常规控制测量方法及 GPS 控制测量为例，运用平差后的数据说明两种方法所能达到的精度要求，对平差后的平面坐标及高差精度分别进行比较分析，说明二者在平面控制测量方面以及在高程控制测量方面的精度高低。

【问题导入】

提出建议，在控制测量中，应该应用哪种方法进行测量才能得到更高精度的三维坐标？

9.1 控制测量概述

9.1.1 控制测量概念

控制测量是指在测区内，按测量任务所要求的精度，测定一系列控制点的平面位置和高程，建立起测量控制网，作为各种测量的基础。

测量工作必须遵循"从整体到局部，先控制后碎部"的原则，先建立控制网，然后根据控制网进行碎部测量和测设。控制网可分为平面控制网和高程控制网两种。测定控制点平面位置的工作，被称为平面控制测量。测定控制点高程的工作，被称为高程控制测量。

控制点可分为平面控制点和高程控制点；相应的控制网可分为平面控制网和高程控制网。

控制网按控制网的功能可分为两种。

(1) 平面控制网：三角网、导线和导线网。

(2) 高程控制网：水准网、三角高程网。

音频.控制网的分类.mp3

按控制网的规模可分为：国家控制网、城市控制网、小区域控制网、图根控制网。

9.1.2 国家控制网

国家控制网又称基本控制网，即在全国范围内按统一的标准建立的控制网。它是用精密仪器、精密方法测定，并进行严格的数据处理，最后求定控制点的平面位置和高程；是全国各种比例尺测图的基本控制，也为研究地球的形状和大小，了解地壳水平形变和垂直形变的大小及趋势，为地震预测提供形变信息等服务。国家控制网是依照《国家三角测量和精密导线测量规范》《全球定位系统(GPS)测量规范》《国家一、二等水准测量规范》及《国家三、四等水准测量规范》按一、二、三、四等四个等级；按照统一的精度和密度逐级布设；由高级到低级逐级加密点位建立的。

1. 国家平面控制网

1) 国家平面控制网的建立

(1) 一等三角锁沿经线和纬线布设成纵横交叉的三角锁系,锁长 200～250km,构成许多锁环;一等三角锁内由近于等边的三角形组成,边长为 20～30km。

国家平面控制网.docx　　导线测量和 GNSS 控制网.mp4

(2) 二等三角测量有两种布网形式,一种是由纵横交叉的两条二等基本锁将一等锁环划分成四个大致相等的部分,这四个空白部分用二等补充网填充,称纵横锁系布网方案;另一种是在一等锁环内布设全面二等三角网,称全面布网方案。

二等基本锁的边长为 20～25km,二等网的平均边长为 13km。一等锁的两端和二等网的中间,都要测定起算边长、天文经纬度和方位角。

国家一、二等网合称为天文大地网。我国天文大地网于 1951 年开始布设,1961 年基本完成,1975 年修补测量工作全部结束,全网约有 5 万个大地点。

(3) 三、四等三角网为在二等三角网内的进一步加密。

2) 国家平面控制网测量方法

平面控制测量常用的方法,一般有三角测量、导线测量、交会法定点测量,另外,随着 GPS 技术的推广,利用 GPS 技术进行控制测量已得到广泛应用。

(1) 三角测量。三角测量是在地面上选择一系列具有控制作用的控制点,组成互相连接的三角形且扩展成网状,称为三角网;三角形连接成条状的称为三角锁,如图 9-1 所示。在控制点上,用精密仪器将三角形的三个内角测定出来,并测定其中一条的边长,然后根据三角公式解算出各点的坐标。用三角测量方法确定的平面控制点,称为三角点。

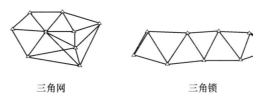

三角网　　　　　　三角锁

图 9-1　三角控制网

在全国范围内建立的三角网,称为国家平面控制网。按控制次序和施测精度可分为四个等级,即一等、二等、三等、四等。布设原则是从高级到低级,逐级加密布网。一等三角网,沿经纬线方向布设,一般称为一等三角锁,是国家平面控制网的骨干,如图 9-2 所示;二等三角网,布设在一等三角锁环内,是国家平面控制网的全面基础;三等、四等三角网是二等三角网的进一步加密,以满足测图和施工的需要。

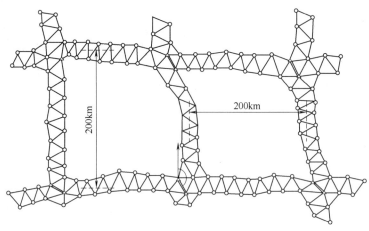

图 9-2 一等三角锁

(2) 导线测量。导线测量是在地面上选择一系列控制点,将相邻点连成直线而构成折线形,称为导线网,如图 9-3 所示。在控制点上,用精密仪器可依次测定所有折线的边长和转折角,再根据解析几何的知识解算各点的坐标。用导线测量方法确定的平面控制点,称为导线点。

图 9-3 导线网

在全国范围内建立三角网时,当某些局部地区采用三角测量有困难的情况下,亦可采用同等级的导线测量网代替。

导线测量也可分为四个等级,即一等、二等、三等、四等。其中一等、二等导线测量,又称为精密导线测量。

(3) GPS 测量。GPS 测量具有以下优点:①测量方便、用时短;②测量定位速度快;③测量准确度高。

凭借这些优点,GPS 在我国被广泛推广。不仅如此,它还具有良好的便携性。比如在野外工作时,大型设备无法进入现场,而 GPS 技术应用就可以,它不仅给测量工作带来了便利,还发挥了特别大的作用。就目前而言,我国的 GPS 技术应用,都是在卫星定位技术与遥感技术的前提下使用的。因此,在测量时还要考虑卫星轨道和大气层等因素的影响,如果受到大气层中的那些对流层影响,那么会对卫星的信号强度产生影响,进而使测量的精准度降低,对测量的结果造成重大影响。

GPS 测量仪器.docx

2. 国家高程控制网

测定控制点的高程工作,称为高程控制测量。高程控制测量是建立垂直方向控制网的控制测量工作。它的任务是在测区范围内以统一的高程基准,精确测定所设一系列地面控制点的高程,为地形测图和工程测量提供高程控制依据。

1) 高程控制测量简介

全国或某区域内求得统一高程的控制测量工作。它主要由水准路线组成的水准网(即高程控制网)来体现。中国的国家高程控制测量可分为一、二、三、四等水准测量。一等水准是国家高程控制网的骨干,是研究地壳垂直运动及有关科学问题的依据。二等水准布设于一等水准环

高程控制测量.docx

上,是国家高程控制的全面基础。三、四等水准测量为直接求得平面控制点的高程供地形测图和各种工程建设的高程需要。平面控制点的高程也可用三角高程法测定。水电工程的高程控制测量,为了控制整个流域或河流(河段)的开发治理,一般采用沿河布设水准路线或组成环网等,并与国家水准点联测。特殊地区则可设临时的近似高程或假定高程,埋设坚固的标石以待日后联测。高程控制的测量方法有水准测量、三角高程测量、气压高程测量和 GPS 高程测量等。

2) 高程控制测量注意事项

(1) 困难地区可以布设三角高程路线代替表中的五等水准路线。

(2) 解析高程包括由解析边构成的三角高程测量和独立交会点高程测量以及经纬仪高程测量。

(3) 图解高程包括由图解边构成的三角高程测量和独立交会点高程测量以及平板仪复觇导线高程测量与双转点高程导线测量(仅适于航测综合法测图时测定测站点高程)。

(4) 在保证规定的高程精度的前提下,可以减少布设层次,适当放长路线长度。

(5) 1∶2000 测图需采用 2m 基本等高距时,加密高程控制仍不得采用图解高程。

3) 高程控制测量方法

(1) 测区的高程系统,宜采用国家高程基准。在已有高程控制网的地区进行测量时,可沿用原高程系统。当小测区联有困难时,亦可采用假定高程系统。

(2) 高程测量的方法有水准测量法、电磁波测距三角高程测量法等。实际工作中,常用水准测量法。

① 水准测量法。各等级的水准点,应埋设水准标石。水准点应选在土质坚硬、便于长期保持和使用方便的地点。墙水准点应选设于稳定的建筑物上,点位应便于寻找并符合规定。

水准测量应选择连接洞口最平坦和最短的线路,以期达到设站少、

水准测量.docx

观测快、精度高的目的。每一洞口埋设的水准点应不少于两个，且以安置一次水准仪即可联测为宜。两端洞口之间的距离大于1km时，应在中间增设临时水准点。

一个测区及其周围至少应有三个水准点。水准点之间的距离，应符合规定。

水准观测应在标石埋设稳定后进行。两次观测高差较大超限时应重测。当重测结果与原测结果分别比较，其较差均不超过限值时，应取三次结果数的平均值数。

设备安装过程中，测量时应注意：最好使用一个水准点作为高程起算点。当厂房较大时，可以增设水准点，但其观测精度应提高。

水准测量所使用的仪器，水准仪视准轴与水准管轴的夹角，应符合规定。水准尺上的米间隔平均长与名义长之差应符合规定。

水准测量是高程测量中的基本方法，利用水准仪和水准尺测定地面两点之间的高差，又称几何水准或直接水准。根据不同的精度要求与作业方法，水准测量可分为下述几种。

A．精密水准测量：指一、二等水准测量。施测时除应用精密水准仪和钢瓦水准尺之外，操作规定中严密考虑了系统误差与偶然误差的消除和防止积累。如应用带有测微器的水准仪提高读数精度；采用钢瓦水准尺减少气温变化影响；规定前后视距基本相等，以消除水准轴与视准轴不平行而产生的误差，限制视距长度与视线离地面的高度等，以减少大气折光影响；采用往返观测并以奇数站按后、前尺(基础分划)和前、后尺(辅助分划)，偶数站按前、后尺(基本分划)和后、前尺(辅助分划)的观测顺序，以消除仪器与尺桩沉陷影响。按中国《国家一、二等水准测量规范》(GB 12897—2006)的规定，一等水准测量每千米偶然中误差不得超过±0.45mm；每千米全中误差不得超过±1.0mm。二等水准测量每千米偶然中误差不超过±1.0mm，每千米全中误差不超过±2.0mm。精密水准测得的高差应加入正常重力位水准面不平行和重力异常改正，分划为正常高。

B．普通水准测量：一般指三、四等水准测量，用于加密精密水准网，或建立独立测图的高程控制和工程测量的高程控制，以及联测大地控制点的高程。一般采用普通水准仪和区格式双(黑红)面水准尺中丝读数法。三等水准以"后—前—前—后"，四等水准以"后—后—前—前"顺序观测，视距长度可视仪器精度不同适当放宽。

C．特殊水准测量：在水准路线遇到不可避免的障碍，如江河、湖塘、宽沟、山谷等视距长度超过规范要求，不能应用一般方法观测时，则可采用水准仪过河水准测量或倾斜螺旋法测量；也可采用经纬仪倾角法或光学测微法。在寒冷地区，条件适合，也可采用冰上过河法等。四等水准测量时可在平缓河流、静水湖泊、池塘等没有明显横比降地段用水面传递高程。

② 三角高程测量。三角高程测量是通过观测两点间的水平距离和天顶距(垂直角)求出两点间的高差的方法，又称间接高程法。这种测量法可与平面控制测量同时使用。多数应用于地形起伏较大地区平面控制点的高程联测。三角高程测量受大气折光影响较大，宜采

用对向观测消除其影响，当单向观测时，必须作折光系数 K 的改正。三角高程可采用单一路线、闭合环、节点网等形式布设，路线一般选择边长较短和高差较少的边组成，起讫于水准高程点上。在工程测量中还可代替五等水准。

③ 气压高程测量。气压高程测量是应用气压计进行高程测量的一种方法。大气压力以毫米水银柱(mmHg)高度表示，随高度不同而发生变化，水银柱每升高 11m，压力减少 1mm。由于大气压受气象变化影响很大，因此只用于低精度的高程测量或踏勘时的草测。其优点是使用方便。中国国家法定压力单位采用帕(Pa)，它和毫米水银柱(mmHg)间的换算关系为

$$1\text{mmHg} = 133.332\text{Pa} \tag{9-1}$$

④ GPS 高程测量。GPS 相对定位可以确定三维基线向量，利用其大地高差，结合水准联测资料可以确定计算点的高程异常，从而求得其正常高。这种区域性的 GPS 水准高程方法的精度，取决于 GPS 测定大地高的精度、几何水准联测的精度、坐标变换精度和拟合计算精度。一般认为在有严密技术设计的条件下可以达到四等几何水准测量的精度要求。

高程系统.docx

4) 高程系统

高程是指由高程基准面起算的高度，按选用的基准面不同而有不同的高程系统。在工程勘察测量中，主要使用的高程系统有国家高程基准和假设高程系统。

(1) 国家高程基准。

人们把处于自由静止状态下的海洋、湖泊等的水面叫作水准面，水准面有无数个，其中与平均海水面相吻合并延伸到大陆内部的水准面，称为大地水准面。用它作为高程基准面(高程的起算面)计算的高程称为绝对高程或海拔高程，简称标高或海拔。如图 9-4 所示，A、B 为地面两点，P_0P_0 为大地水准面(高程基准面)，测 A、B 两点高出 P_0P_0 的垂直距离 H_A、H_B 即分别为 A、B 点的绝对高程。A、B 两点高程之差称为高差 h。

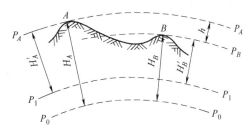

图 9-4 国家高程基准

中国国家高程基准起算的高程基准面为黄海的平均海水面，它的建立经历了两个阶段：在开始建立基准面时，是用青岛验潮站 1950—1956 年七年的潮汐观测资料推算的，并在青

岛市观象山建立全国性的高程起算点，即国家水准原点。1957年确定此水准原点对于黄海平均海水面的高程为72.289m。由此基准面起算的高程系统称为"1956年黄海高程系统"。由于当时条件的限制，1956年黄海平均海水面尚存在不足，于1986年重新确定高程基准面，定名为"1985 国家高程基准"，由此基准算得的国家水准原点的新高程值为72.260m。新确定的高程基准面采用中数法计算1952—1979年平均海水的平均值，比1956年黄海平均海水面稳定、精确。1987年5月，国务院批准启用"1985国家高程基准"和国家水准原点的新高程值。

(2) 假设高程系统。

由假设高程系统确定的高程称为假设高程，又称相对高程。某些偏僻地区，一时还不能与国家高程控制点联测，或为专用高程控制网的特殊需要，可选定一个适当的水准面作为基准面，在此地区内任何一点到此基准面的垂直距离均可称为该点的假设高程。如图9-6中的 P_1 为选定的水准面，H_A、H_B 即为 A、B 点的假设高程。

9.1.3 城市控制网

1. 平面控制网

(1) 城市或厂矿等地区，一般应在国家等级控制点的基础上，根据测区的大小、城市规划或施工测量的要求，布设不同等级的城市平面控制网，以为城市规划、市政建设、工业民用建筑设计和施工放样服务。

(2) 为了满足不同的目的和要求，城市控制网也要分级建立。

(3) 平面控制测量方法的选择应因地制宜，既满足当前需要，又兼顾今后发展，做到技术先进、经济合理、确保质量、长期适用。

(4) 建立城市平面控制网可采用 GPS 测量、三角测量、各种形式边角组合测量和导线测量方法。

(5) 国家控制网和城市控制网，均由专门的测绘单位承担绘制。控制点的平面坐标和高程，由测绘管理部门统一管理。

《城市测量规范》规定的三角网、边角组合网、导线网的主要技术要求如表9-1～表9-4所示。

2. 城市高程控制网

(1) 《城市测量规范》将城市水准测量分为二、三、四等。

(2) 城市首级高程控制网不应低于三等水准。视测区需要，各等级高程控制网均可作为首级高程控制，光电测距三角高程测量可替代四等水准测量。

二、三、四等及图根水准测量的主要技术要求如表9-5所示。

表 9-1 城市边角组合网边长测量的主要技术要求

等 级	平均边长 /km	测距中误差 /mm	测距相对中误差
二等	9	≤±30	≤1/300000
三等	5	≤±30	≤1/160000
四等	2	≤±16	≤1/120000
一级小三角	1	≤±16	≤1/60000
二级小三角	0.5	≤±16	≤1/30000

表 9-2 城市三角网的主要技术要求

等 级	平均边长 /km	测角中误差 /″	起始边边长相对中误差	最弱边边长相对中误差
二等	9	≤±1.0	≤1/300000	≤1/120000
三等	5	≤±1.8	≤1/200000(首级) ≤1/300000(加密)	≤1/80000
四等	2	≤±2.5	≤1/120000(首级) ≤1/800000(加密)	≤1/45000
一级小三角	1	≤±5.0	≤1/400000	≤1/20000
二级小三角	0.5	≤±10.0	≤1/200000	≤1/10000

表 9-3 城市光电测距导线的主要技术要求

等级	附合环或附合导线长度 /km	平均边长 /m	测距中误差 /mm	测角中误差 /″	导线全长相对闭合差
三等	15	3000	≤±18	≤±1.5	≤1/60000
四等	10	1600	≤±18	≤±2.5	≤1/40000
一级	3.6	300	≤±15	≤±5	≤1/14000
二级	2.4	200	≤±15	≤±8	≤1/10000
三级	1.5	120	≤±15	≤±12	≤1/6000

表 9-4 城市钢尺量距导线的主要技术要求

等级	附合环或附合导线长度 /km	平均边长 /m	往返丈量较差相对误差	测角中误差 /″	导线全长相对闭合差
一级	2.5	250	≤1/20000	≤±5	≤1/10000
二级	1.8	180	≤1/15000	≤±8	≤1/7000
三级	1.2	120	≤1/10000	≤±12	≤1/5000

表 9-5 城市水准测量主要技术要求

等级	每公里高差中数中误差/mm	附合路线长度/km	水准仪的级别	测段往返测高差不符值/mm	附合路线或环线闭合差/mm
二等	≤±2	400	DS1	≤±4$\sqrt{R}$	≤±4$\sqrt{L}$
三等	≤±6	45	DS3	≤±12$\sqrt{R}$	≤±12$\sqrt{L}$
四等	≤±10	15	DS3	≤±20$\sqrt{R}$	≤±20$\sqrt{L}$
图根	≤±20	8	DS10		≤±40$\sqrt{L}$

注：R 测段的长度，L 为附合路线或环线的长度，均以 km 为单位。

9.1.4 小区域控制网

1. 小区域控制网的范围

小区域控制网是指在面积小于 15km² 范围内建立的控制网。

2. 小区域控制网坐标系和高程系

原则上应与国家或城市控制网相连，形成统一的坐标系和高程系。当连接有困难时，为了工程建设的需要，也可建立独立控制网。

3. 小区域控制网分级建立

要根据面积大小分级建立，主要采用一、二、三级导线；一、二级小三角网或一、二级小三边网。其面积和等级的关系，如表 9-6 所示。

表 9-6 小区域控制网的建立

测区面积	首级控制	图根控制
2～15km²	一级小三角或一级导线	二级图根控制
0.5～2km²	二级小三角或二级导线	二级图根控制
0.5km² 以下	图根控制	

9.1.5 图根控制网

为满足小区域测图和施工需要而建立的平面控制网，称为小区域平面控制网。小区域平面控制网亦应由高级到低级分级建立。测区范围内建立最高一级的控制网，称为首级控制网；最低一级的即直接为测图而建立的控制网，称为图根控制网。首级控制与图根控制的关系如表 9-7 所示。

表 9-7 首级控制与图根控制的关系

测区面积/km²	首级控制	图根控制
2~15	一级小三角或一级导线	两级图根
0.5~2	二级小三角或二级导线	两级图根
0.5 以下	图根控制	

直接用于测图的控制点，称为图根控制点。图根点的密度取决于地形条件和测图比，如表 9-8 所示。

表 9-8 图根点的密度

测图比例尺	1∶500	1∶1000	1∶2000	1∶5000
图根点密度/(点/km²)	150	50	15	5

【案例 9-1】K24+580×××大桥位于××县××镇××村境内，大桥横跨"V"形谷地，交角约 45°，于 K24+460 处，大桥跨越谷地冲沟底部，为旱桥。全桥平面位于 R=800m 右偏圆曲线、A=374.166m 右偏缓和曲线、A=374.166m 左偏缓和曲线及 R=800m 左偏圆曲线、A=374.166 左偏缓和曲线段上；纵面位于 R=13000m 凹曲线、直线、R=25000m 凸曲线上，桥长 940.68m；×××大桥 6~11#墩身设计为空心薄壁墩，均为跨越"V"形沟壑所设，共计 12 个空心薄壁高墩，最高墩为 K24+580×××大桥 9#墩右幅空心薄壁墩高为 73.5m，其余墩高均在 41~72m。

结合上文分析该工程的控制网应如何确定。

9.2 导线测量

9.2.1 导线测量概述

导线测量是平面控制测量的一种方法。所谓导线，就是由测区相邻控制点连成直线而构成的折线。这些控制点，称为导线点。导线测量就是依次测定各导线边的长度和各转折角的值，根据起算数据，推算各边的坐标方位角，从而求出各导线点的坐标。

用经纬仪测量转折角，用钢尺测定边长的导线，称为经纬仪导线；若用光电测距仪测定导线边长，则称为电磁波测距导线。

导线测量是建立小地区平面控制网常采用的一种方法，特别是在地物分散分布较复杂的建筑区、视线障碍较多的隐蔽区和带状地区，多采用导线测量方法。根据测区的不同情况要求，导线可以布设成以下三种形式。

音频.导线的布设形式.mp3

1. 闭合导线

起始于同一已知点的导线，称为闭合导线，如图 9-5 所示。

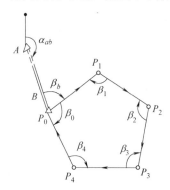

图 9-5　闭合导线

2. 支导线

由一已知点和一已知边的方向出发，既不附合到另一已知点，又不回到原始起始点的导线，称为支导线，如图 9-6 所示。因支导线缺乏检核条件，固其变数一般不超过四条。

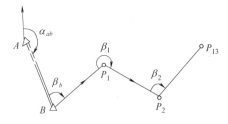

图 9-6　支导线

3. 附合导线

布设在两个已知点之间的导线，称为附合导线，如图 9-7 所示。

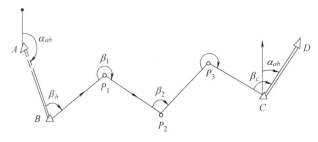

图 9-7　附合导线

9.2.2　导线测量外业工作

导线测量的外业工作包括：踏勘选点及建立标志、量边、测角和联测。

1. 踏勘选点及建立标志

选点前，应调查搜集测区已有地形图和高一级控制点的成果资料，把控制点展绘在地形图上，然后在地形图上拟定导线的布设方案，最后到野外去踏勘，实地核对、修改、落实点位和建立标志。如果测区没有地形图资料，则需详细踏勘现场，根据已知控制点的分布、测区地形条件及测图和施工需要等具体情况，合理地选定导线点的位置。

实地选点时应注意下列几点。

(1) 相邻点之间通视良好，地势较平坦，便于测角和量距。

(2) 点位应选在土质坚实处，便于保存标志和安置仪器。

(3) 视野开阔，便于施测碎部。

(4) 导线各边的长度应大致相等，除特殊情形外，应不大于350m，也不宜小于50m。

(5) 导线点应有足够的密度，分布较均匀，便于控制整个测区。

导线点选定后，要在每一点位上打一大木桩，其周围浇灌一圈混凝土，桩顶钉一小钉，作为临时性标志，若导线点需要保存的时间较长，就要埋设混凝土桩或石桩，桩顶刻"十"字，作为永久性标志。导线点应统一编号。为了便于寻找，应量出导线点与附近固定而明显的地物点的距离，绘一草图，注明尺寸，称为点之记。

2. 量边

导线边长可用光电测距仪测定，测量时要同时观测竖直角，供倾斜改正之用。若用钢尺丈量，钢尺必须经过检定。对于一、二、三级导线，应按钢尺量距的精密方法进行丈量。对于图根导线，用一般方法往返丈量或同一方向丈量两次；当尺长改正数大于 1/10000 时，应加尺长改正；量距时平均尺温与检定时温度相差10℃时，应进行温度改正；尺面倾斜大于 1.5% 时，应进行倾斜改正；取其往返丈量的平均值作为成果，并要求其相对误差不大于1/3000。

3. 测角

用测回法施测导线左角(位于导线前进方向左侧的角)或右角(位于导线前进方向右侧的角)。一般在附合导线中，测量导线左角，在闭合导线中均测内角。若闭合导线按逆时针方向编号，则其左角就是内角。图根导线，一般用 DJ6 级光学经纬仪测一个测回。若盘左、盘右测得角值的较差不超过 40″，则取其平均值。

测角时，为了便于瞄准，可在已埋设的标志上用三根竹竿吊一个大垂球，或用测钎、觇牌作为照准标志。

4. 连测

导线与高级控制点连接，必须观测连接角、连接边，作为传递坐标方位角和坐标之用。如果附近无高级控制点，则应用罗盘仪施测导线起始边的磁方位角，并假定起始点的坐标作为起算数据。

导线外业测量过程中要做好外业记录，并要妥善保存。

【案例 9-2】导线测量布设灵活，要求通视方向少，边长直接测定，适宜布设在建筑物密集、视野不甚开阔的城市、厂矿等建筑区和隐蔽区，也适合于交通线路、隧道和渠道等狭长地带的控制测量。随着全站仪的广泛使用，导线边长加大，精度和自动化程度提高，从而使导线测量成为中小城市和厂矿等地区建立平面控制网的主要方法。

结合上文分析导线在外业时应如何进行布设和测量。

9.3 GNSS 控制网

9.3.1 GNSS 简介

GNSS 一般是指全球导航卫星系统。全球导航卫星系统定位是利用一组卫星的伪距、星历、卫星发射时间等观测量来进行定位导航的系统，同时还必须知道用户钟差。全球导航卫星系统是能在地球表面或近地空间的任何地点为用户提供全天候的三维坐标和速度以及时间信息的空基无线电导航定位系统。

卫星导航定位技术目前已基本取代了地基无线电导航、传统大地测量和天文测量导航定位技术，并推动了大地测量与导航定位领域的全新发展。当今，GNSS 不仅是国家安全和经济的基础设施，也是体现现代化大国地位和国家综合国力的重要标志。由于其在政治、经济、军事等方面具有重要的意义，世界主要军事大国和经济体都在竞相发展独立自主的卫星导航系统。2007 年 4 月 14 日，我国成功发射了第一颗北斗卫星，标志着世界上第四个 GNSS 进入实质性的运作阶段，估计到 2020 年前美国 GPS、俄罗斯 GLANESS、欧盟 GALILEO 和中国北斗卫星导航系统四大 GNSS 将建成或完成现代化改造。除了上述四大全球系统外，还包括区域系统和增强系统，其中区域系统有日本的 QZSS 和印度的 IRNSS，增强系统有美国的 WASS、日本的 MSAS、欧盟的 EGNOS、印度的 GAGAN 以及尼日利亚的 NIG-GOMSAT-1 等。未来几年，卫星导航系统将进入一个全新的阶段。用户将面临四大全球系统近百颗导航卫星并存且相互兼容的局面。丰富的导航信息可以提高卫星导航用户的可用性、精确性、完备性以及可靠性，但与此同时也得面对频率资源竞争、卫星导航市场竞争、时间频率主导权竞争以及兼容和互操作竞争等诸多问题。

9.3.2 GPS 简介

GPS 是英文 Global Positioning System(全球定位系统)的简称。GPS 起始于 1958 年美国军方的一个项目，1964 年投入使用。20 世纪 70 年代，美国陆海空三军联合研制了新一代卫星定位系统 GPS。其主要目的是为陆海空三大领域提供实时、全天候和全球性的导航服务，并用于情报搜集、核爆监测和应急通信等一些军事目的，经过 20 余年的研究实验，耗资 300 亿美元，到 1994 年，全球覆盖率高达 98%的 24 颗 GPS 卫星星座已布设完成。

GPS 可以提供车辆定位、防盗、反劫、行驶路线监控及呼叫指挥等功能。要实现以上所有功能必须具备 GPS 终端、传输网络和监控平台三个要素。

9.3.3 GPS 的特点

GPS 具有全球覆盖、全天候、高精度、自动化、实时三维动态定位、高效益无用户数量限制、应用广泛等特点。在大地测量、工程测量、航空摄影测量、运载工具导航和管制、地壳运动监测、工程变形监测、资源勘察、地球动力学等领域应用。其应用领域还在不断地拓展，遍及国民经济各种部门，并逐步深入人们的日常生活。从而给测绘学科带来了一场深刻的技术革命。全球卫星定位系统如图 9-8 所示。

图 9-8　全球卫星定位系统

相对于经典的测量技术来说，这一新技术的主要特点如下所述。

(1) 测站之间无须通视：因而不再需要建造觇标，可减少测量工作经费和时间，同时也使点位的选择变得甚为灵活。

(2) 高精度三维定位：GPS 可以精确测定测站的平面位置和大地高。

(3) 观测时间短：快速静态相对定位法，观测时间可少至数分钟；实时动态定位(RTK)可提供厘米级的实时三维定位。

(4) 操作简便：GPS 测量自动化程度很高，操作员的主要任务只是安置并开关仪器，量取仪器高，监视仪器的工作状态等。接收机自动完成观测工作，如卫星捕获，跟踪观测和记录等。GPS 数据处理也由软件自动完成。

(5) 全天候作业：GPS 接收机可以在任何地点(卫星信号不被遮挡的情况下)，任何时间连续地进行，一般也不受天气状况的影响。

9.3.4 GPS 的工作原理

GPS 导航系统的基本原理是测量出已知位置的卫星到用户接收机之间的距离，然后综合多颗卫星的数据就可知道接收机的具体位置。要达到这一目的，卫星的位置可以根据星载时钟所记录的时间在卫星星历中查出。而用户到卫星的距离则通过记录卫星信号传播到用户所经历的时间，再将其乘以光速得到。由于大气层电离层的干扰，这一距离并不是用户与卫星之间的真实距离，而是伪距：当 GPS 卫星正常工作时，会不断地用 1 和 0 二进制码元组成的伪随机码(简称伪码)发射导航电文。GPS 使用的伪码一共有两种，分别是民用的 C/A 码和军用的 P(Y) 码。C/A 码频率 1.023MHz，重复周期为 1ms，码间距 1μs，相当于 300m；P 码频率 10.23MHz，重复周期为 266.4 天，码间距 0.1μs，相当于 30m。而 Y 码是在 P 码的基础上形成的，保密性能更佳。导航电文包括卫星星历、工作状况、时钟改正、电离层时延修正、大气折射修正等信息。它是从卫星信号中解调制出来，以 50b/s 调制在载频上发射的。导航电文每个主帧中包含五个子帧，每帧长 6s。前三帧各 10 个字码，每 30s 重复一次，每小时更新一次。后两帧共 15000b。导航电文中的内容主要有遥测码，转换码，第 1、2、3 数据块，其中最重要的则为星历数据。当用户接收到导航电文时，提取出卫星时间并将其与自己的时钟作对比便可得知卫星与用户的距离，再利用导航电文中的卫星星历数据推算出卫星发射电文时所处位置，用户在 WGS-84 大地坐标系中的位置速度等信息便可得知。

可见 GPS 导航系统卫星部分的作用就是不断地发射导航电文。然而，由于用户接收机使用的时钟与卫星星载时钟不可能总是同步，所以除了用户的三维坐标 x、y、z 轴之外，还要引进一个 Δt，即卫星与接收机之间的时间差作为未知数，然后用四个方程将这四个未知数解出来。所以如果想知道接收机所处的位置，至少要能接收到四个卫星的信号。

按定位方式，GPS 定位可分为单点定位和相对定位(差分定位)。单点定位就是根据一台接收机的观测数据来确定接收机位置的方式，它只能采用伪距观测量，可用于车船等的概略导航定位。相对定位(差分定位)是根据两台以上接收机的观测数据来确定观测点之间的相对位置的方法，它既可采用伪距观测量，也可采用相位观测量，大地测量或工程测量均应采用相位观测值进行相对定位。

9.3.5 GPS 控制网的布设原理与方法

1. GPS 控制网的技术设计

1) 工程 GPS 控制网测量规范

(1)《全球定位系统(GPS)测量规范》，国家测绘局制定。

(2)《全球定位系统城市测量规范》，国家建设局、总参测绘局制定。

(3) 各个部委制定的 GPS 测量规程与细则。

2) GPS 控制网测量精度

GPS 控制网按照测量精度可分为 AA、A、B、C、D、E 六级，见表 9-9，相邻点间的基线长度精度计算公式为

$$\sigma = \sqrt{a^2 + (b \times D)^2} \tag{9-2}$$

式中，σ 为相邻点间距离中误差；a 为固定误差(mm)；b 为比例误差(ppm)；D 为相邻点间的距离(km)。

表 9-9 GPS 各级控制网精度指标

级 别	固定误差 a/mm	比例误差 b/ppm	相邻点间平均距离 D/km
AA	≤3	≤0.01	1000
A	≤5	≤0.1	300
B	≤8	≤1	70
C	≤10	≤5	10～15
D	≤10	≤10	5～10
E	≤10	≤20	0.2～5

2. GPS 控制网布设

1) 跟踪站式

将数台 GPS 接收机长期固定在不同的测站上，进行不间断连续观测。

特点：观测时间长、数据量大、多余观测较多、精度高、框架基准性好；但成本较高，多用于 AA 级网。

2) 会站式

多台 GPS 接收机在同一批点上多天长时间同步观测，然后迁移到另外一批点上进行同样观测，直至全部观测完成。其具有精度较高等优点，多用于 A、B 级网。

3) 同步图形扩展式

GPS 网以同步图形的形式连接扩展，构成具有一定数量独立环的布网形式，不同的同步图形间有若干公共点连接，具有测量速度快、方法简单、图形强度较好等优点，是主要的 GPS 布网形式。它可以分为点连式、边连式、网连式和混连式。

(1) 点连式。

点连式是相邻两个同步图形只通过一个公共点连接，但图形强度较低，易产生连环影响，一般不单独使用，如图 9-9 所示。

(2) 边连式。

边连式是相邻两个同步图形只通过一条边连接，具有较多的重复基线和独立环，因其

图形条件较强，作业效率较高，故被广泛采用，如图 9-10 所示。

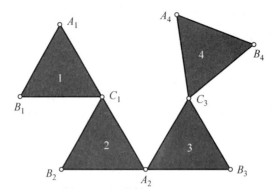

图 9-9　点连式

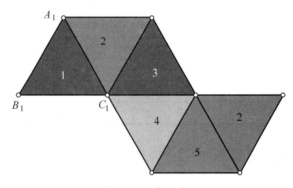

图 9-10　边连式

(3) 网连式。

网连式是相邻两个同步图形通过三个以上的公共点连接，至少需要四台 GPS 接收机，图形条件很强，成本较高，多用于高精度的控制网，如图 9-11 所示。

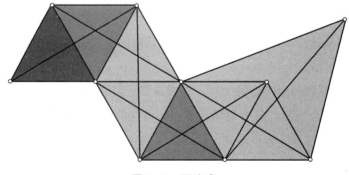

图 9-11　网连式

(4) 混连式。

混连式是相邻两个同步图形可能通过点、边、网等形式连接，自检性和可靠性较好，能有效发现粗差，在 GPS 工程控制网中被广泛采用。常见的有三角形和环形网等布网形式。

① 三角形网。

优点：图形几何结构较强，具有较多的检核条件，平差后网中相邻点基线向量的精度比较均匀。

缺点：观测工作量大，一般只有在网的精度和可靠性要求比较高时，才单独采用这种图形，如图 9-12 所示。

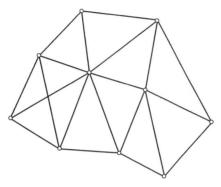

图 9-12　三角形网

② 环形网。

优点：观测工作量小，且具有较好的自检性和可靠性。

缺点：非直接观测基线边(或间接边)精度较直接观测边低，相邻点之间的基线精度分布不均匀。它是大地测量和精密度工程测量中普遍采用的图形，通常采用上述两种图形的混合图形，如图 9-13 所示。

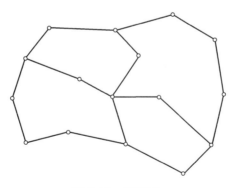

图 9-13　环形网

9.4　交会测量

交会法是指用两个或三个已知基准点，通过测量基准点到监测点的距离及角度来计算监测点的坐标，通过坐标变化量来确定其变形情况的方法。这种方法简单易行，成本较低，不需要特殊仪器，比较适合于一些监测目标位置特殊、人员不易到达的地方，如滑坡监测、巨型水塔、烟囱的监测等。其缺点是精度较低，高精度监测通常不用此方法。

交会法主要包括角度前方交会法、距离前方交会法和测角后方交会法三种。交会法观测前应首先在变形影响区外布置固定可靠的工作基点和基准点，工作基点应定期与基准点联测，以校核其是否产生移动。工作基点宜采用强制对中观测墩，以减少对中误差影响。

音频.交会测量法的分类与优缺点.mp3

工作基点到监测点的距离不宜过远，且到各个监测点的距离应大致相等，监测点布置应大致同高。交会边应离开障碍物或高于地面1.2m以上，并尽可能避开大面积水域，以减少大气折光影响，利用电磁波测距交会时，还应避免周围强电磁场的影响。

9.4.1 测角前方交会法

测角前方通常会采用三个已知点和一个待定点组成两个三角形。P点为待定点，A、B、C是三个已知点，在三个已知点上分别设站观测α_1、β_1、α_2、β_2四个角。可以用公式(9-3)求出P点坐标(x_p, y_p)。通常情况下，通过α_1、β_1和α_2、β_2分别计算出两组P点坐标，从而进行校核。

$$\begin{cases} x_p = \dfrac{x_A \cot\beta + x_B \cot\alpha - y_A + y_B}{\cot\alpha + \cot\beta} \\ y_p = \dfrac{y_A \cot\beta + y_B \cot\alpha - x_A - x_B}{\cot\alpha + \cot\beta} \end{cases} \qquad (9\text{-}3)$$

为保证计算结果和提高交会精度而做以下规定。

(1) 前方交会中，由未知点至相邻两已知点方向间的夹角称为交会角，要求交会角一般应大于30°，小于150°。交会角过大或过小，都会影响交会点的精度。

(2) 水平角应观测两个测回，根据已知点数量选用测回法或方向观测法。

(3) 在实际工作中，为了保证交会点的精度，避免测角错误的发生，一般要求从三个已知点A、B、C分别向P点观测水平角α_1、β_1、α_2、β_2，作两组前方交会。如图9-14所示，按公式(9-3)计算$\triangle ABP$和$\triangle BCP$中P点的两组坐标$P'(x'_p, y'_p)$和$P''(x''_p, y''_p)$。当两组坐标较差符合要求时，取其平均值作为P点的最后坐标。一般要求两组坐标较差e不大于两倍比例尺精度，用公式表示为：

$$e = \sqrt{\delta_x^2 + \delta_y^2} \leqslant e_{容} = 2 \times 0.1 M (\text{mm}) \qquad (9\text{-}4)$$

式中：δ_x——P'与P''点x坐标差，$\delta_x = x'_p - x''_p$；

δ_y——P'与P''点y坐标差，$\delta_y = y'_p - y''_p$；

M——测图比例尺分母。

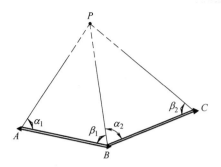

图 9-14 测角前方交会原理图

9.4.2 测边前方交会法

测边前方交会通常采用三个已知点和一个待定点组成两个三角形，如图 9-15 所示。P 为待定点，A、B、C 是三个已知点，在三个已知点上分别设站观测 S_a、S_b、S_c 三条边。可以用公式(9-4)求出 P 点坐标 (x_p, y_p)。通常情况下，通过 S_a、S_b 和 S_b、S_c 分别计算出两组 P 点坐标 (x_p, y_p)，从而进行校核。

$$\begin{cases} x_p = x_A + L(x_B - x_A) + H(y_B - y_A) \\ y_p = y_A + L(y_B - y_A) + H(x_B - x_A) \end{cases} \tag{9-5}$$

其中：

$$L = \frac{S_b^2 + S_{AB}^2 - S_a^2}{2S_{AB}^2}$$

$$H = \sqrt{\frac{S_a^2}{S_{AB}^2} - G^2}$$

$$G = \frac{S_a^2 + S_{AB}^2 - S_b^2}{2S_{AB}^2}$$

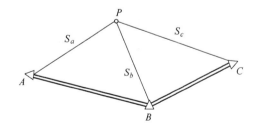

图 9-15 侧边前方交会原理图

9.4.3 测角后方交会法

在待定点 P 安置经纬仪，观测水平角 α、β、γ，则可按公式(9-5)计算待定点 P 的坐标 (x_p, y_p)。

$$\begin{cases} x_p = \dfrac{P_A x_A + P_B x_B + P_C x_C}{P_A + P_B + P_C} \\ y_p = \dfrac{P_A y_A + P_B y_B + P_C y_C}{P_A + P_B + P_C} \end{cases} \quad (9\text{-}6)$$

其中：

$$P_A = \frac{1}{\cot \angle A - \cot \alpha} = \frac{\tan \alpha \tan \angle A}{\tan \alpha - \tan \angle A}$$

$$P_B = \frac{1}{\cot \angle B - \cot \beta} = \frac{\tan \beta \tan \angle B}{\tan \beta - \tan \angle B}$$

$$P_C = \frac{1}{\cot \angle C - \cot \gamma} = \frac{\tan \alpha \tan \angle C}{\tan \gamma - \tan \angle C}$$

当用测角后方交会时，应注意工作基点和交会点不能位于同一个圆上(此圆称为危险圆)，应至少离开危险圆半径的20%。

为防止外业工作中的α、β、γ观测错误，或内业计算的已知点坐标抄写错误，可进行一个多余的观测，作检核用。由四个方向观测三个水平角，检核方式有两种：一种是将四个已知点中的三个已知点为一组，分作两个后方交会图形，由两组图形计算的 P 点坐标相互比较；第二种是取图形结构好的三个已知点计算 P 点的坐标，第三个角作校检角。

【案例9-3】后方交会法首先出现于测绘地形图工作中，测量上称为"三点题"，是用图解法作为加密图根点之用。后来随着解析法、公式法的出现，在工程建设控制测量中也经常被采用。比如隧道工程控制网往往由于隧道开工前测设完成，而洞口土石方施工完毕后，需补设洞口投点，以便控制隧道轴线，测设投点就要用到后方交会法；深水桥墩放样测量中的墩心定位也可以应用此法，还可用来测定施工控制导线的始终点等。

试结合上文分析后方交会在工程中的应用。

 本章小结

通过本章，主要学习了小区域控制测量的基本知识；导线测量概述及外业工作；GNSS控制网；交会测量。希望通过本章的学习，同学们对小区域控制测量的基本知识有基础了解，并掌握相关的知识点，举一反三，学以致用。

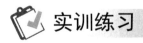 实训练习

一、单选题

1. 小地区控制测量中导线的主要布置形式有(　　)。
①视距导线　②附合导线　③闭合导线　④平板仪导线　⑤支导线　⑥测距仪导线

A. ①②④　　B. ①③⑤　　C. ②③⑤　　D. ②④⑥

2. 若九边形各内角观测值的中误差为±20″，容许误差为中误差的两倍，则九边形角度闭合差的限差为(　　)。

A. ±40″　　B. ±120″　　C. ±90″　　D. 1°

3. 丈量了两段距离，最后结果分别是 l_1=814.53m±0.05m，l_2=540.60m±0.05m，则该两段距离丈量的精度是(　　)。

A. l_1 比 l_2 高　　B. l_1 比 l_2 低　　C. 相等　　D. 没有正确选项

4. 观测了两个角度，其结果分别是∠A=146°50′±15″，∠B=25°41′±15″，则该两个角度的精度是(　　)。

A. ∠A 比 ∠B 高　　　　　　B. ∠A 比 ∠B 低
C. 相等　　　　　　　　　　D. 没有正确选项

5. 附合导线与闭合导线坐标计算的不同点是(　　)。

A. 角度闭合差计算与调整、坐标增量闭合差计算
B. 坐标方位角计算、角度闭合差计算
C. 坐标增量计算、坐标方位角计算
D. 坐标增量闭合差计算、坐标增量计算

6. 导线测量中，若有一边长测错，则全长闭合差的方向与错误边长的方向(　　)。

A. 垂直　　B. 平行　　C. 无关　　D. 相交

7. 导线测量外业包括踏勘选点、埋设标志、边长丈量、转折角测量和(　　)测量。

A. 定向　　B. 连接边和连接角　　C. 高差　　D. 定位

8. 导线坐标增量闭合差调整的方法是将闭合差按与导线长度成(　　)的关系求得改正数，以改正有关的坐标增量。

A. 正比例并同号　　　　　　B. 反比例并反号
C. 正比例并反号　　　　　　D. 反比例并同号

9. 边长 D_{MN}=73.469m，方位角 $α_{MN}$=115°18′12″，则△X_{MN} 与△Y_{MN} 分别为(　　)。

A. +31.401m，+66.420m　　　　B. +31.401m，66.420m
C. -31.401m，+66.420m　　　　D. -66.420m，+31.401m

10. 三角高程测量中，高差计算公式 $h=D\tan α+i-v$，式中 v 为(　　)。

A. 仪器高　　B. 初算高差　　C. 中丝读数　　D. 尺间隔

二、多选题

1. 测量工作遵循(　　)的原则。

A. 从整体到局部　　　　B. 先控制后碎部　　　　C. 由高级到低级

D. 八字方针　　　　　　E. 从左边到右边

2. 按控制网的规模可分为(　　)。

　A. 测边网　　　　B. 国家控制网　　　　C. 城市控制网

　D. 小区域控制网　　E. 图根控制网

3. 建立国家平面控制网，主要的测量方法是(　　)。

　A. 卫星定位测量　　B. 三角测量　　　　　C. 钢尺测量

　D. 精密导线测量　　E. GPS测量

4. 导线测量的外业工作包括(　　)。

　A. 量边　　　　　　B. 测角　　　　　　　C. 联测

　D. 踏勘选点及建立标志　　E. 埋石

5. GPS组成有(　　)。

　A. 空间部分　　　　B. 地面控制部分　　　C. 手机部分

　D. 用户设备部分　　E. 电脑部分

三、简答题

1. 依据测距方法的不同，导线可以分为哪些形式？
2. 导线计算的目的是什么？计算内容和步骤有哪些？
3. 闭合导线和附合导线计算有哪些异同点？
4. 导线测量有哪些外业、内业工作？
5. 布设导线有哪几种形式？

第9章课后答案.docx

实训工作单

班级		姓名		日期	
教学项目		小区域控制测量			
学习项目	GNSS 控制网		学习要求	掌握 GNSS 控制网组成及 GPS 工作原理	
相关知识			GPS 简介、GPS 的特点、GPS 工作原理、GPS 控制网的布设原理与方法		
其他内容			交会测量		
学习记录					
评语				指导老师	

第 10 章 房屋建筑变形测量

【教学目标】

- 熟悉建筑物各类变形。
- 掌握各种建筑结构变形观测方法。
- 掌握建筑结构观测要点。

第 10 章 房屋建筑变形测量.pptx

【教学要求】

本章要点	掌握层次	相关知识点
建筑变形观测的内容	熟悉建筑变形观测内容 掌握建筑变形技术要求	建筑测量基本内容
各类建筑变形的观测方法	掌握不同建筑所需的不同测定方法	建筑变形的影响
建筑变形观测注意事项	掌握建筑观测的具体事项	建筑测量规范

房屋建筑变形测量.mp4

【案例导入】

某市某有限公司拟在佛山市南海区新建一批商业住宅楼，楼房最高层数为 32 层；设一层地下室为停车库，基坑面积约 30400m²，基坑开挖深度预计为 3～4.5m，现基坑西面已挖至 4.5m。根据场地地质条件、施工条件、工程条件及周边条件等因素分析，本次基坑护壁选用水泥土搅拌桩作止水帷幕，放坡支护加重力支护的形式，小部分使用密排式灌注桩支护，安全等级为二级。为了解基坑开挖过程中基坑护壁及周边道路、建筑物的沉降、位移情况，现需对该商业住宅楼基坑进行沉降、位移观测。

【问题导入】

请结合自身所学的相关知识，试根据本案的相关背景，简述各类建筑变形的基本内容与其测定方法。

10.1 变形观测

10.1.1 变形观测基本内容

变形观测是指对监视对象或物体(变形体)的变形进行测量,从中了解变形的大小、空间分布及随时间发展的变化情况,并做出正确的分析与预报。

变形观测的内容,应根据建(构)筑物的性质与地基情况而定,要求针对性强,全面考虑,重点突出,正确反映出建(构)筑物的变化情况,以达到监视建(构)筑物安全运营,了解其变形规律的目的。对于不同用途的建(构)筑物,其变形观测的重点和要求有所不同,例如对于建(构)筑物的基础,主要观测内容是均匀沉降和不均匀沉降,从而计算出累计沉降量、平均沉降量、相对弯曲、相对倾斜、平均沉降速度,绘制出绝对沉降分布图。如果地基属于软土地带,基础采用的是打桩基础,则还需要确定其水平位移。对于建(构)筑物本身,主要是倾斜和裂缝观测。对于厂房内的结构(如吊车轨道、吊车梁)除上述观测内容外,还有挠度观测。而塔式与圆形(如烟囱、水塔、电视塔)等高大建筑物,主要是倾斜观测和瞬时变形观测。

变形观测仪器.docx

音频.建筑物变形观测的内容.mp3

综上所述,变形测量的主要内容包括沉降观测、水平位移观测、裂缝观测、倾斜观测、挠度观测和振动观测等。其中最基本的是建(构)筑物的沉降观测和水平位移观测。每一种建(构)筑物的观测内容,都应根据建筑物的具体情况和实际要求综合确定测量项目。

10.1.2 变形观测技术要求

1. 变形观测的精度

建(构)筑物变形观测的精度要求,取决于允许变形的大小和观测目的。观测目的通常可分为施工检查、建(构)筑物安全监测和研究工程变形过程三种情况。一般来讲,施工检查对变形观测精度要求较低,建(构)筑物安全监测精度要求较高,研究工程变形过程要求精度最高。

测量工作开始前,应根据变形类型、测量目的、任务要求以及测区条件进行施测方案设计。重大工程或具有重要科研价值的项目,还应进行监测网的优化设计。施测方案应经实地勘选、多方案精度估算和技术经济分析比较后择优选取。

2. 变形观测的周期

建筑变形测量应按确定的观测周期与总次数进行观测。变形观测周期的确定应以能系统地反映所测建筑变形的变化过程且不遗漏其变化时刻为原则,并综合考虑单位时间内变形量的大小、变形特征、观测精度要求及外界因素影响来确定。

(1) 对于单一层次布网,观测点与控制点应按变形观测周期进行观测,对于两个层次布网,观测点及联测的控制点应按变形观测周期进行观测,控制网部分可按复测周期进行观测。

(2) 控制网复测周期应根据测量目的和点位的稳定情况而定,一般宜每半年复测一次。在建筑施工过程中应适当缩短观测时间间隔,点位稳定后可适当延长观测时间间隔。当复测成果或检测成果出现异常,或测区受到如地震、海啸、洪水、台风、爆破等外界因素影响时,应及时进行复测。

(3) 变形测量的首次(零周期)观测应适当增加观测量,以提高初始值的可靠性。

(4) 在不同周期进行观测时,宜采用相同的观测网形和观测方法,并使用相同类型的测量仪器。

(5) 当建筑变形观测过程中发生下列情况之一时,必须立即报告委托方,同时应及时增加观测次数或调整变形观测方案。

① 变形量或变形速率出现异常变化。
② 变形量达到或超出预警值。
③ 周边或开挖面出现塌陷、滑坡。
④ 建筑本身、周边建筑及地表出现异常。
⑤ 由于地震、暴雨、冻融等自然灾害引起的其他变形异常情况。

【案例 10-1】某地铁将通过正在施工的住宅小区工地,工地地质条件差。目前工地基坑开挖已完成,正进行工程桩施工。住宅小区周边较大范围内地面有明显沉降。地铁采用盾构施工,从工程桩中间穿过,两者最近距离 1.7~1.8m。地铁施工可能引起周边土体、工程桩位移,周边地面、建筑物沉降。基于上述考虑,在采取相关的加固工程措施的同时,应进行变形监测,以确保周边建筑物安全。

结合上下文分析此工程变形观测的测点布置、监测方法及监测频率。

10.2 沉 降 观 测

10.2.1 概述

沉降观测即根据建筑物设置的观测点与固定(永久性水准点)的观测点进行观测,测其沉降程度,用数据表达。凡三层以上建筑、构筑物设计要求设置观测点,人工、土地基(砂基础)等,均应设置沉陷观测点,施工中应按期或按层进度进行观测和记录,直至竣工。

为了保证建(构)筑物的正常使用寿命和建(构)筑物的安全性,并为以后的勘察设计施工提供可靠的资料及相应的沉降参数,建(构)筑物沉降观测的必要性和重要性愈加明显。现行规范也规定,高层建筑物、高耸构筑物、重要古建筑物及连续生产设施基础、动力设备基础、滑坡监测等均要进行沉降观测。特别是在高层建筑物施工过程中,应用沉降观测加强过程监控,指导合理的施工工序,预防在施工过程中出现不均匀沉降。施工单位应及时反馈信息,为勘察设计施工部门提供详尽的一手资料,避免因沉降造成建筑物主体结构的破坏或产生影响结构使用功能的裂缝,造成巨大的经济损失。

沉降观测仪.docx

10.2.2 沉降观测技术要求

1. 观测员要求

在高层钢结构的施工中,沉降观测员必须经过专业系统的学习,并经常参加组织培训,以接受建筑业快速更新的建筑知识。在建筑施工中,不能完全照搬书本上的理论知识,要灵活运用,准确地运用误差原理并根据现场复杂的观测情况进行原因分析,并找到解决方法。专业、快捷、准时地完成观测任务是一个合格沉降观测员必须具备的职业素质。

2. 观测仪器要求

由于高层钢结构沉降观测技术要求极高的精准度,使建筑物即使不断增加负荷,也能测出准确的数据。大多时候明文规定,沉降观测量的误差值应小于变形值的1/20~1/10,沉降观测时要使用精密水准仪,一般的水准仪会受到环境和季节温差的影响,因此在沉降观测中要避免出现这种情况,使用受此影响较小的精密水准仪。即使因条件所限,没有精密水准仪,也应用第一标尺进行观测。

3. 时间要求

高层钢结构对沉降观测时间有着极严格的限制。如果是第一次进行沉降观测,必须严格按照观测时间进行,否则得出的数据不是最原始的数据,沉降观测将不具有实际意义。在其他各个阶段中进行复检,根据具体的施工情况按时进行,绝不能不测或是补测。只有这样,得出的沉降观测数据才是精确的,沉降观测才能在高层钢结构施工中起到应有的作用。

4. 观测地点要求

沉降观测是十分严谨的工作,对观测点有很高的要求,既要方便进行观测,也要能准确反映沉降情况。观测点通常会建在建筑工程上,且横向与纵向相对称,它们之间的最佳距离在20m左右,平均布置在建筑工程四周。需要特别注意

音频.沉降观测的布点原则.mp3

的是，在室内装潢期间，装潢物可能会遮盖观测点，要考虑到这种情况对观测的影响，这期间的观测也要按时进行，否则同样会影响观测结果，致使以前所做的观测也失去作用。

5. 观测时的要求

在即将进行施工观测时，必须先核查观测仪器是否齐全，对需要长期使用的仪器进行仔细检查，看仪器的各方面指标是否符合标准，在观测过程中，各方面人员应互相配合，经常沟通协商，认真负责，做到不漏测、不少测，为高层建筑提供有力的观测数据。

6. 观测精准度要求

建筑工程的规模和作用不同，选用的沉降观测精密程度也不同。如果没有特殊情况发生，二等等级测量的观测方法通常就可以满足高层钢结构建筑的需求。

10.2.3 观测要点

水准基点的设置：基点设置以保证其稳定可靠为原则，宜设置在基岩上，或设置在压缩性较低的土层上。水准基点的位置，宜靠近观测对象，但必须在建筑物所产生的压力影响范围之外。

观测点的设置：观测点的布置，应能全面反映建筑的变形并结合地质情况确定，数量不宜少于六个点。

测量宜采用精密水平仪及钢水准尺，对第一观测对象宜固定测量工具和固定测时人员，观测前应严格校验仪器。

测量精度宜采用Ⅱ级水准测量，视线长度宜为20～30m，视线高度不宜低于0.3m。

观测时应登记气象资料，观测次数和时间应根据具体建筑确定。在基坑较深时，可考虑开挖后的回弹观测。

【案例10-2】某商务综合楼，楼高88层，高度450m，位于商业核心区。为保证工程质量，由第三方进行检测，测量内容包括：首级GPS平面控制网复测、施工控制网复测、电梯井与核心筒垂直度测量、外筒钢结构测量、建筑物主体工程沉降监测、建筑物主体工程日周期摆动测量。

请结合上下文分析超高层建筑物施工测量的要点及沉降监测的要点。

10.3 倾 斜 观 测

10.3.1 概述

倾斜观测是指对建筑物、构筑物中心线或其墙、柱等，在不同高度的点相对于底部基准点的偏离值进行的测量，包括建筑物基础倾斜观测、建筑物主体倾斜观测。当建筑物倾斜达到一定程度时，就会影响建筑物的安全性，因此必须对建筑物进行倾斜观测，以采取相对防护措施。

建筑物主体倾斜观测应测定建筑物顶部相对于底部或各层之间上层相对于下层的水平位移与高差，分别计算整体或分层的倾斜度、倾斜方向以及倾斜速度。对具有刚性建筑物的整体倾斜，亦可通过测量顶面或基础的相对沉降间接测定。

10.3.2 倾斜观测基本方法

1. 观测方法

根据监测对象和所使用仪器、工具及作业方法等的不同，倾斜观测的方法也不一样。如对于大坝的倾斜，常采用正、倒垂线法进行观测；对于深基坑边坡的倾斜，既可以通过观测其顶部的(水平)位移量间接求得，也可以利用测斜仪直接测定；

音频.倾斜观测的基本方法.mp3

对于工业与民用建(构)筑物基础的倾斜，既可以通过沉降观测获得的差异沉降来间接确定，也可以利用测斜仪直接测定；而对工业与民用建(构)筑物主体的倾斜观测，则可以采用交会法、极坐标法、投影法、纵横距法、测水平角法、吊垂球法、铅垂仪法、激光位移计自动测记法、GPS 法、激光扫描仪法或近景摄影测量法等。

2. 观测点的设置

(1) 观测点应沿对应观测站点的某主体竖直线，对整体倾斜按顶部、底部，对分层倾斜按分层部位、底部上下对应布设。

(2) 当从建筑物外部观测时，测站点或工作基点的点位应选在与照准目标中心连线呈接近正交或呈等分角的方向线上，距照准目标 1.5~2.0 倍目标高度的固定位置处；当利用建筑物内竖向通道观测时，可将通道底部中心点作为观测站点。

(3) 按纵横轴线或前方交会布设的测站点，每点应选设 1~2 个定向点；基线端点的选设应顾及其测距或丈量的要求。

10.3.3 倾斜观测技术要求

(1) 当建筑物立面上观测点数量较多或倾斜变形量大时，可采用激光扫描或数字近景摄影测量方法。

(2) 倾斜观测应避开强日照和风荷载影响大的时间段。

(3) 采用激光铅直仪观测法时，作业中仪器应严格置平、对中，应旋转180°观测两次并取其中数。对超高层建筑,当仪器设在楼体内部时,应考虑大气湍流影响。

(4) 在布设观测点时,一定要考虑经济因素,选取少量的点能控制住一个区域的,就不应多选,以免造成经济上不必要的浪费。此外,还要考虑点位应便于观测和长时间保存。

10.4 裂缝观测

10.4.1 概述

裂缝观测通常是测定建筑物某一部位裂缝的变化状况。观测时,应先在裂缝的两侧各设置一个固定标志,然后定期量取两标志的间距,间距的变化即为裂缝的变化。

裂缝观测仪.docx

裂缝观测也是建筑物变形测量的重要内容。建筑物出现了裂缝,就是变形明显的标志,对出现的裂缝要及时进行编号,并分别观测裂缝分布位置、走向、长度、宽度及其变化程度等项目。观测的裂缝数量可视需要而定,主要的或变化大的裂缝应进行观测。对需要观测的裂缝应进行统一编号。每条裂缝至少应布设两组观测标志,一组在裂缝最宽处,另一组在裂缝末端,每一组标志由裂缝两侧各一个标志组成。对于混凝土建筑物上的裂缝的位置、走向以及长度的观测,是在裂缝的两端用油漆画线作标志,或在混凝土的表面绘制方格坐标,用钢尺丈量,或用方格网板定期量取"坐标差"。对于重要的裂缝,也可选其有代表性的位置埋设标点,即在裂缝的两侧打孔埋设金属棒标志点,定期用游标卡尺量出两点间的距离变化,即可精确得出裂缝宽度变化情况。对于面积较大且不便于人工量测的众多裂缝,宜采用近景摄影测量方法,当需要连续检测裂缝变化时,还可采用测缝计或传感器自动测记方法。裂缝观测周期应视裂缝变化速度而定。通常开始可半个月一次,以后一个月左右测一次。当发现裂缝加大时,应增加观测次数,直至几天或逐日一次的连续观测。裂缝观测时,其宽度数据应量至 0.1mm,每次观测应量出裂缝位置、形态和尺寸,注明日期,附必要的照片资料。

10.4.2 裂缝观测方法

1. 记录裂缝末端位置方法

用放大镜找准待观测裂缝末端准确位置后,再用色笔做好端部标识并记录日期,然后定期、定人检查裂缝长度的发展变化。这种方法宜用于裂缝长度较短且操作不便处结构构件裂缝扩展的观测。

2. 石膏饼方法

调制稠度适中的石膏粉浆体,于待观测裂缝处做一厚 3~5mm 圆形或矩形石膏饼,或于裂缝处涂上一层重塑软膏饼,定期检查石膏饼或重塑软膏饼是否开裂,以确定裂缝的变化情况,这种方法宜用于裂缝宽度较小且操作不便处结构构件裂缝扩展的观测。

3. 用刻度显微镜测读裂缝宽度方法

选择待观测裂缝最大缝宽处及裂缝末端处作观测点,用色笔在观测点裂缝两侧适当位置处作定位标识,然后定期、定人量测观测点处裂缝宽度的变化情况。这种方法适用于构件表面质量较好且易于操作的结构构件裂缝扩展的观测。

4. 预先设置观测标志方法

选择待观测裂缝最大缝宽处及裂缝末端处作观测点,在观测点裂缝两侧适当位置设立观测标志,通过定期、定人量测观测标志的位移量来定量确定裂缝宽度的变化情况。观测标志一般由两片白铁皮制成,一片为正方形150mm×150mm,固定于待观测裂缝的一侧,并使其一边和裂缝的边缘对齐;另一片为长方形50mm×200mm,固定于裂缝的另一侧,并使其长度方向上一部分紧贴并覆盖于另一侧正方形白铁皮上,保持两片白铁皮边缘彼此平行。标志固定完毕,在两片白铁皮外露的表面涂上有色油漆,并于长方形白铁皮上写明编号和标志设置日期。如果裂缝继续变化,白铁皮重叠部分将被逐渐拉开,定期、定人测量所露出的与裂缝走向平行的无油漆部分白铁皮的宽度即为裂缝扩展的宽度。如果观测砌体裂缝的扩展情况,也可在裂缝两侧墙上适当位置埋设固定标志(如刻有"十"字标记钢筋),定期、定人用游标卡尺量测"+"标记中心间的距离,即为裂缝扩展的宽度。这种设置标志的观测方法既可量化,又准确可靠。观测标志也可视现场具体情况及观测期限要求另行设计,但采用的观测标志必须具有可供量测的明晰端面或中心。

【案例10-3】本住宅小区房屋建筑工程,设计单位:××规划设计有限公司,采用钢筋混凝土框架结构;混凝土强度等级为:墙柱为C25~C35,梁板C30,其余部位C15~C20。混凝土保护层厚度为15~35mm(地下迎水面为50mm)。

监测点布置原则:测点位置应结合工程性质、周边环境、地下管线分布、地质条件、设计要求、施工特点等因素综合考虑,着重于监测工作井、接收井变形,周围管线、道路与建筑物的变形。

结合上文分析裂缝观测的方法、布置原则及注意事项。

10.4.3 裂缝观测技术要求

(1) 裂缝观测应测定建筑上的裂缝分布位置和裂缝的走向、长度、宽度及其变化情况。

(2) 对需要观测的裂缝应统一进行编号。每条裂缝至少应布设两组观测标志,其中一组应在裂缝的最宽处,另一组应在裂缝的末端。每组应使用两个对应的标志,分别设在裂缝的两侧。

(3) 裂缝观测标志应具有可供量测的明晰端面或中心。长期观测时，可采用镶嵌或埋入墙面的金属标志、金属杆标志或楔形板标志；短期观测时，可采用平行线标志或粘贴金属片标志。

(4) 对于数量少、量测方便的裂缝，可根据标志形式的不同分别采用比例尺、小钢尺或游标卡尺等工具定期量出标志间距离求得裂缝变化值；对于大面积且不便于人工量测的众多裂缝宜采用交会测量或近景摄影测量方法；需要连续监测裂缝变化时，可采用测缝计或传感器自动测记方法观测。

(5) 裂缝观测的周期应根据其裂缝变化速度而定。开始时可半个月测一次，以后一个月测一次。当发现裂缝加大时，应及时增加观测次数。

(6) 裂缝观测中，裂缝宽度数据应量至 0.1mm，每次观测应绘出裂缝的位置、形态和尺寸，注明日期，并拍摄裂缝照片。

本章小结

通过本章的学习，学生们应熟悉建筑物的不同变形形式以及变形测定方法，掌握各种变形测定适用范围，熟练使用测量工具，为接下来的学习与工作打下坚实的基础。

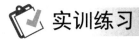

一、单选题

1. 建筑物裂缝观测复测周期，一般宜多久复测一次？（　　）
   A. 一年　　　　B. 一个月　　　C. 15 天　　　D. 半年
2. 倾斜观测点数量设置不宜小于(　　)个。
   A. 4　　　　　B. 5　　　　　C. 6　　　　　D. 8
3. 高程控制点标石的埋设要求，一般埋设后(　　)可以开始使用观测。
   A. 不宜少于 15 天　　　　　　　B. 一个月
   C. 半年　　　　　　　　　　　　D. 不宜少于一周
4. 沉降观测的特点是(　　)。
   A. 一次性　　　B. 随机性　　　C. 灵活性　　　D. 周期性
5. 裂缝观测过程中其精度应控制在(　　)。
   A. 0.1mm　　　B. 0.2mm　　　C. 0.3mm　　　D. 0.4mm

二、多选题

1. 建筑物变形观测的主要内容有( )。
   A. 建筑物沉降观测　　B. 建筑物倾斜观测　　C. 建筑物裂缝观测
   D. 角度观测　　E. 以上都是

2. 塔式建筑物的倾斜观测有哪几种方法？( )
   A. 前方交会法　　B. 激光垂准仪测量法　　C. 悬挂重垂球测量法
   D. GPS卫星测量法　　E. 地面摄影测量

3. 下列哪几项属于沉降观测技术要求？( )
   A. 技术员要求　　B. 时间要求　　C. 地点要求
   D. 精度要求　　E. 环境要求

4. 倾斜观测点的设置内容是( )。
   A. 观测点设置应严格按照设计要求，如需根据现场情况变动，施工单位可直接进行改动
   B. 观测点应沿对应测站点的某主体竖直线，对整体倾斜按顶部、底部，对分层倾斜按分层部位、底部上下对应布设
   C. 当从建筑物外部观测时，测站点或工作基点的点位应选在与照准目标中心连线呈接近正交或呈等分角的方向线上，距照准目标1.5～2.0倍目标高度的固定位置处；当利用建筑物内竖向通道观测时，可将通道底部中心点作为测站点
   D. 按纵横轴线或前方交会布设的测站点，每点应选设1～2个定向点；基线端点的选设应顾及其测距或丈量的要求
   E. 以上都是

5. 建筑物裂缝观测的主要内容包括( )。
   A. 测定建筑物上裂缝的分布位置
   B. 测定建筑物上裂缝的走向、长度和宽度
   C. 测定建筑物上裂缝的开裂程度
   D. 判定建筑物上裂缝的发展趋势
   E. 防止裂缝的开裂

三、问答题

1. 简述建筑物沉降观测检测变形观测点的布点原则。
2. 简述变形观测的原因及其内容。
3. 简述倾斜观测的基本方法。

实训工作单一

班级		姓名		日期	
	教学项目		变形与沉降观测		
任务	掌握观测方法与观测内容		学习途径	通过现场工程实际观测学习	
学习目标			掌握课本所学知识，并能实践应用		
学习要点			观测内容		
学习记录					
评语				指导老师	

实训工作单二

班级		姓名		日期	
教学项目		倾斜与裂缝观测			
任务	掌握观测方法、观测内容及观测要求		学习途径	通过现场工程实际案例学习	
学习目标			掌握课本所学知识,并能实践应用		
学习要点			观测技术要求		
学习记录					
评语				指导老师	

参 考 文 献

[1] 中华人民共和国建设部. JGJ8—2007，J719—2007 建筑变形测量规范[S]. 北京：中国建筑工业出版社，2008.

[2] 陈安生. 建筑力学与结构基础[M]. 北京：中国建筑工业出版社，2003.

[3] 中华人民共和国国家标准. GB 50026—2007 工程测量规范[S]. 北京：中国计划出版社，2007.

[4] 中华人民共和国国家标准. GB 50497—2009 建筑基坑工程监测技术规范[S]. 北京：中国建筑工业出版社，2009.

[5] 中华人民共和国国家标准. GB 50308—2008 城市轨道交通工程测量规范[S]. 北京：中国建筑工业出版社，2008.

[6] 中华人民共和国行业标准. JTCC10—2007 公路勘测规范[S]. 北京：人民交通出版社，2007.

[7] 中华人民共和国行业标准. JTG/TC10—2007 公路勘测细则[S]. 北京：人民交通出版社，2007.

[8] 中华人民共和国住房和城乡建设部. CJJ/T82011 城市测量规范[S]. 北京：中国标准出版社，2012.

[9] 合肥工业大学，重庆建筑大学，天津大学，哈尔滨建筑大学合编. 测量学[M]. 4 版. 北京：中国建筑工业出版社，1995.

[10] 聂让，许金良，邓云潮. 公路施工测量手册[M]. 北京：人民交通出版社，2003.

[11] 夏才初，潘国荣. 土木工程监测技术[M]. 北京：中国建筑工业出版社，2001.

[12] 邹永廉. 工程测量[M]. 武汉：武汉大学出版社，2000.

[13] 覃辉，马德富，熊友谊. 测量学[M]. 北京：中国建筑工业出版社，2007.

[14] 金荣耀，常玉奎. 建筑工程测量[M]. 北京：清华大学出版社，2008.

[15] 李青岳，陈永奇. 工程测量学[M]. 北京：测绘出版社，1995.

[16] 过静珺. 土木工程测量[M]. 武汉：武汉理工大学出版社，2003.

[17] 周建郑. 建筑工程测量[M]. 北京：中国建筑工业出版社，2011.

[18] 陈秀忠，常玉奎，金荣耀. 工程测量[M]. 北京：清华大学出版社，2013.

[19] 国家地理信息局职业技能鉴定中心. 测绘综合能力[M]. 北京：测绘出版社，2012.